U0163515

RELATION-MAPPING-INVERSION PRINCIPLE WITH APPLICATIONS

徐利治 郑毓信 ◎ 著

SCIENCE & HUMANITIES

10

数学科学文化理念传播丛书

（第一辑 ）

数学中的矛盾转换法

大连理工大学出版社
Dalian University of Technology Press

图书在版编目（CIP）数据

数学中的矛盾转换法 / 徐利治，郑毓信著. -- 大连：
大连理工大学出版社，2023.1
（数学科学文化理念传播丛书. 第一辑）
ISBN 978-7-5685-4087-2

Ⅰ. ①数… Ⅱ. ①徐… ②郑… Ⅲ. ①数学方法－研
究 Ⅳ. ①O1-0

中国版本图书馆 CIP 数据核字(2022)第 250835 号

数学中的矛盾转换法
SHUXUE ZHONG DE MAODUN ZHUANHUAN FA

大连理工大学出版社出版
地址：大连市软件园路 80 号　邮政编码：116023
发行：0411-84708842　传真：0411-84701466　邮购：0411-84708943
E-mail：dutp@dutp.cn　URL：https://www.dutp.cn
辽宁新华印务有限公司印刷　　　　大连理工大学出版社发行

幅面尺寸：185mm×260mm	印张：8.25	字数：130 千字
2023 年 1 月第 1 版		2023 年 1 月第 1 次印刷

责任编辑：王　伟　　　　　　　　　　　　责任校对：周　欢
封面设计：冀贵收

ISBN 978-7-5685-4087-2　　　　　　　　　　定价：69.00 元

本书如有印装质量问题，请与我社发行部联系更换。

SCIENCE & HUMANITIES

数学科学文化理念传播丛书·第一辑

编 写 委 员 会

丛书顾问 周·道本　王梓坤

胡国定　钟万勰　严士健

丛书主编 徐利治

执行主编 朱梧槚

委　　员（按姓氏笔画排序）

王　前　王光明　冯克勤　杜国平

李文林　肖奚安　罗增儒　郑毓信

徐沥泉　涂文豹　萧文强

总 序

一、数学科学的含义及其
在学科分类中的定位

20 世纪 50 年代初,我曾就读于东北人民大学(现吉林大学)数学系,记得在二年级时,有两位老师[①]在课堂上不止一次地对大家说:"数学是科学中的女王,而哲学是女王中的女王."

对于一个初涉高等学府的学子来说,很难认知其言真谛.当时只是朦胧地认为,大概是指学习数学这一学科非常值得,也非常重要.或者说与其他学科相比,数学可能是一门更加了不起的学科.到了高年级时,我开始慢慢意识到,数学与那些研究特殊的物质运动形态的学科(诸如物理、化学和生物等)相比,似乎真的不在同一个层面上.因为数学的内容和方法不仅要渗透到其他任何一个学科中去,而且要是真的没有了数学,则无法想象其他任何学科的存在和发展了.后来我终于知道了这样一件事,那就是美国学者道恩斯(Douenss)教授,曾从文艺复兴时期到 20 世纪中叶所出版的浩瀚书海中,精选了16 部名著,并称其为"改变世界的书".在这 16 部著作中,直接运用了数学工具的著作就有 10 部,其中有 5 部是属于自然科学范畴的,它们分别是:

(1) 哥白尼(Copernicus)的《天体运行》(1543 年);

(2) 哈维(Harvery)的《血液循环》(1628 年);

(3) 牛顿(Newton)的《自然哲学之数学原理》(1729 年);

(4) 达尔文(Darwin)的《物种起源》(1859 年);

[①] 此处的"两位老师"指的是著名数学家徐利治先生和著名数学家、计算机科学家王湘浩先生.当年徐利治先生正为我们开设"变分法"和"数学分析方法及例题选讲"课程,而王湘浩先生正为我们讲授"近世代数"和"高等几何".

(5) 爱因斯坦(Einstein)的《相对论原理》(1916年).

另外5部是属于社会科学范畴的,它们是:

(6) 潘恩(Paine)的《常识》(1760年);

(7) 史密斯(Smith)的《国富论》(1776年);

(8) 马尔萨斯(Malthus)的《人口论》(1789年);

(9) 马克思(Max)的《资本论》(1867年);

(10) 马汉(Mahan)的《论制海权》(1867年).

在道恩斯所精选的16部名著中,若论直接或间接地运用数学工具的,则无一例外. 由此可以毫不夸张地说,数学乃是一切科学的基础、工具和精髓.

至此似已充分说明了如下事实:数学不能与物理、化学、生物、经济或地理等学科在同一层面上并列. 特别是近30年来,先不说分支繁多的纯粹数学的发展之快,仅就顺应时代潮流而出现的计算数学、应用数学、统计数学、经济数学、生物数学、数学物理、计算物理、地质数学、计算机数学等如雨后春笋般地产生、存在和发展的事实,就已经使人们去重新思考过去那种将数学与物理、化学等学科并列在一个层面上的学科分类法的不妥之处了. 这也是多年以来,人们之所以广泛采纳"数学科学"这个名词的现实背景.

当然,我们还要进一步从数学之本质内涵上去弄明白上文所说之学科分类上所存在的问题,也只有这样才能使我们在理性层面上对"数学科学"的含义达成共识.

当前,数学被定义为从量的侧面去探索和研究客观世界的一门学问. 对于数学的这样一种定义方式,目前已被学术界广泛接受. 至于有如形式主义学派将数学定义为形式系统的科学,更有如形式主义者柯亨(Cohen)视数学为一种纯粹的在纸上的符号游戏,以及数学基础之其他流派所给出之诸如此类的数学定义,可谓均已进入历史博物馆,在当今学术界,充其量只能代表极少数专家学者之个人见解. 既然大家公认数学是从量的侧面去探索和研究客观世界,而客观世界中任何事物或对象又都是质与量的对立统一,因此没有量的侧面的事物或对象是不存在的. 如此从数学之定义或数学之本质内涵出发,就必然导致数学与客观世界中的一切事物之存在和发展密切相关.同时也决定了数学这一研究领域有其独特的普遍性、抽象性和应用上的极端广泛性,从而数学也就在更抽象的层面上与任何特殊的物质运动形式息息相关.由此可见,数学与其他任何研究特殊的物质运动形态的学科相比,要高出一个层面.在此或许可以认为,这也就是本人少时所闻之"数学是科学中的女王"一语的某种肤浅的理解.

再说哲学乃是从自然、社会和思维三大领域,即从整个客观世界的存在及其存在方式中去探索科学世界之最普遍的规律性的学问,因而哲学是关于整个客观世界的根本性观点的体系,也是自然知识和社会知识的最高概括和总结.因此哲学又要比数学高出一个层面.

这样一来,学科分类之体系结构似应如下图所示:

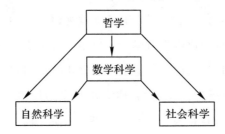

如上直观示意图的最大优点是凸显了数学在科学中的女王地位,但也有矫枉过正与骤升两个层面之嫌.因此,也可将学科分类体系结构示意图改为下图所示:

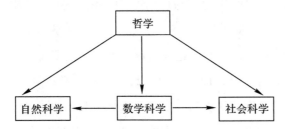

如上示意图则在于明确显示了数学科学居中且与自然科学和社会科学相并列的地位,从而否定了过去那种将数学与物理、化学、生物、经济等学科相并列的病态学科分类法.至于数学在科学中之"女王"地位,就只能从居中角度去隐约认知了.关于学科分类体系结构之如上两个直观示意图,究竟哪一个更合理,在这里就不多议了,因为少时耳闻之先入为主,往往会使一个人的思维方式发生偏差,因此

留给本丛书的广大读者和同行专家去置评.

二、数学科学文化理念与文化
素质原则的内涵及价值

数学有两种品格,其一是工具品格,其二是文化品格.对于数学之工具品格而言,在此不必多议.由于数学在应用上的极端广泛性,因而在人类社会发展中,那种挥之不去的短期效益思维模式必然导致数学之工具品格愈来愈突出和愈来愈受到重视.特别是在实用主义观点日益强化的思潮中,更会进一步向数学纯粹工具论的观点倾斜,所以数学之工具品格是不会被人们淡忘的.相反地,数学之另一种更为重要的文化品格,却已面临被人淡忘的境况.至少数学之文化品格在今天已不为广大教育工作者所重视,更不为广大受教育者所知,几乎到了只有少数数学哲学专家才有所了解的地步.因此我们必须古识重提,并且认真议论一番数学之文化品格问题.

所谓古识重提指的是:古希腊大哲学家柏拉图(Plato)曾经创办了一所哲学学校,并在校门口张榜声明,不懂几何学的人,不要进入他的学校就读.这并不是因为学校所设置的课程需要几何知识基础才能学习,相反地,柏拉图哲学学校里所设置的课程都是关于社会学、政治学和伦理学一类课程,所探讨的问题也都是关于社会、政治和道德方面的问题.因此,诸如此类的课程与论题并不需要直接以几何知识或几何定理作为其学习或研究的工具.由此可见,柏拉图要求他的弟子先行通晓几何学,绝非着眼于数学之工具品格,而是立足于数学之文化品格.因为柏拉图深知数学之文化理念和文化素质原则的重要意义.他充分认识到立足于数学之文化品格的数学训练,对于陶冶一个人的情操,锻炼一个人的思维能力,直至提升一个人的综合素质水平,都有非凡的功效.所以柏拉图认为,不经过严格数学训练的人是难以深入讨论他所设置的课程和议题的.

前文指出,数学之文化品格已被人们淡忘,那么上述柏拉图立足于数学之文化品格的高智慧故事,是否也被人们彻底淡忘甚或摒弃了呢?这倒并非如此.在当今社会,仍有高智慧的有识之士,在某些高等学府的教学计划中,深入贯彻上述柏拉图的高智慧古识.列举两个典型示例如下：

例1，大家知道，从事律师职业的人在英国社会中颇受尊重．据悉，英国律师在大学里要修毕多门高等数学课程，这既不是因为英国的法律条文一定要用微积分去计算，也不是因为英国的法律课程要以高深的数学知识为基础，而只是出于这样一种认识，那就是只有通过严格的数学训练，才能使之具有坚定不移而又客观公正的品格，并使之形成一种严格而精确的思维习惯，从而对他取得事业的成功大有益助．这就是说，他们充分认识到数学的学习与训练，绝非实用主义的单纯传授知识，而深知数学之文化理念和文化素质原则，在造就一流人才中的决定性作用．

例2，闻名世界的美国西点军校建校超过两个世纪，培养了大批高级军事指挥员，许多美国名将也毕业于西点军校．在该校的教学计划中，学员除了要选修一些在实战中能发挥重要作用的数学课程（如运筹学、优化技术和可靠性方法等）之外，还要必修多门与实战不能直接挂钩的高深的数学课．据我所知，本丛书主编徐利治先生多年前访美时，西点军校研究生院曾两次邀请他去做"数学方法论"方面的讲演．西点军校之所以要学员必修这些数学课程，当然也是立足于数学之文化品格．也就是说，他们充分认识到，只有经过严格的数学训练，才能使学员在军事行动中，把那种特殊的活力与高度的灵活性互相结合起来，才能使学员具有把握军事行动的能力和适应性，从而为他们驰骋疆场打下坚实的基础．

然而总体来说，如上述及的学生或学员，当他们后来真正成为哲学大师、著名律师或运筹帷幄的将帅时，早已把学生时代所学到的那些非实用性的数学知识忘得一干二净．但那种铭刻于头脑中的数学精神和数学文化理念，仍会长期地在他们的事业中发挥着重要作用．亦就是说，他们当年所受到的数学训练，一直会在他们的生存方式和思维方式中潜在地起着根本性的作用，并且受用终身．这就是数学之文化品格、文化理念与文化素质原则之深远意义和至高的价值所在．

三、"数学科学文化理念传播丛书"出版的意义与价值

有现象表明，教育界和学术界的某些思维方式正深陷于纯粹实

用主义的泥潭,而且急功近利、短平快的病态心理正在病入膏肓.因此,推出一套旨在倡导和重视数学之文化品格、文化理念和文化素质的丛书,一定会在扫除纯粹实用主义和诊治急功近利病态心理的过程中起到一定的作用,这就是出版本丛书的意义和价值所在.

那么究竟哪些现象足以说明纯粹实用主义思想已经很严重了呢?详细地回答这一问题,至少可以写出一本小册子来.在此只能举例一二,点到为止.

现在计算机专业的大学一、二年级学生,普遍不愿意学习逻辑演算与集合论课程,认为相关内容与计算机专业没有什么用.那么我们的教育管理部门和相关专业人士又是如何认知的呢?据我所知,南京大学早年不仅要给计算机专业本科生开设这两门课程,而且要开设递归论和模型论课程.然而随着思维模式的不断转移,不仅递归论和模型论早已停开,逻辑演算与集合论课程的学时也在逐步缩减.现在国内坚持开设这两门课的高校已经很少了,大部分高校只在离散数学课程中给学生讲很少一点逻辑演算与集合论知识.其实,相关知识对于培养计算机专业的高科技人才来说是至关重要的,即使不谈这是最起码的专业文化素养,难道不明白我们所学之程序设计语言是靠逻辑设计出来的? 而且柯特(Codd)博士创立关系数据库,以及施瓦兹(Schwartz)教授开发的集合论程序设计语言 SETL,可谓全都依靠数理逻辑与集合论知识的积累.但很少有专业教师能从历史的角度并依此为例去教育学生,甚至还有极个别的专家教授,竟然主张把"计算机科学理论"这门硕士研究生学位课取消,认为这门课相对于毕业后去公司就业的学生太空洞,这真是令人瞠目结舌.特别是对于那些初涉高等学府的学子来说,其严重性更在于他们的知识水平还不了解什么有用或什么无用的情况下,就在大言这些有用或那些无用的实用主义想法.好像在他们的思想深处根本不知道高等学府是培养高科技人才的基地,竟把高等学府视为专门培训录入、操作与编程等技工的学校.因此必须让教育者和受教育者明白,用多少学多少的教学模式只能适用于某种技能的培训,对于培养高科技人才来说,此类纯粹实用主义的教学模式是十分可悲的.不仅误人子弟,而且任其误入歧途继续陷落下去,必将直接危害国家和社会的发展前程.

另外,现在有些现象甚至某些评审规定,所反映出来的心态和思潮就是短平快和急功近利,这样的软环境对于原创性研究人才的培养弊多利少.杨福家院士说:[①]

"费马大定理是数学上一大难题,360 多年都没有人解决,现在一位英国数学家解决了,他花了 9 年时间解决了,其间没有写过一篇论文.我们现在的规章制度能允许一个人 9 年不出文章吗?

"要拿诺贝尔奖,都要攻克很难的问题,不是灵机一动就能出来的,不是短平快和急功近利就能够解决问题的,这是异常艰苦的长期劳动."

据悉,居里夫人一生只发表了 7 篇文章,却两次获得诺贝尔奖.现在晋升副教授职称,都要求在一定年限内,在一定级别杂志上发表一定数量的文章,还要求有什么奖之类的,在这样的软环境里,按照居里夫人一生中发表文章的数量计算,岂不只能当个老讲师?

清华大学是我国著名的高等学府,1952 年,全国高校进行院系调整,在调整中清华大学变成了工科大学.直到改革开放后,清华大学才开始恢复理科并重建文科.我国各层领导开始认识到世界一流大学均以知识创新为本,并立足于综合、研究和开放,从而开始重视发展文理科.11 年前,清华人立志要奠定世界一流大学的基础,为此而成立清华高等研究中心.经周光召院士推荐,并征得杨振宁先生同意,聘请美国纽约州立大学石溪分校聂华桐教授出任高等中心主任.5 年后接受上海《科学》杂志编辑采访,面对清华大学软环境建设和我国人才环境的现状,聂华桐先生明确指出[②]:

"中国现在推动基础学科的一些办法,我的感觉是失之于心太急.出一流成果,靠的是人,不是百年树人吗?培养一流科技人才,即使不需百年,却也绝不是短短几年就能完成的.现行的一些奖励、评审办法急功近利,凑篇数和追指标的风气,绝不是真心献身科学者之福,也不是达到一流境界的灵方.一个作家,您能说他发表成百上千

---

① 王德仁等,杨福家院士"一吐为快——中国教育 5 问",扬子晚报,2001 年 10 月 11 日 A8 版.

② 刘冬梅,营造有利于基础科技人才成长的环境——访清华大学高等研究中心主任聂华桐,科学,Vol. 154,No. 5,2002 年.

篇作品,就能称得上是伟大文学家了吗?画家也是一样,真正的杰出画家也只凭少数有创意的作品奠定他们的地位.文学家、艺术家和科学家都一样,质是关键,而不是量.

"创造有利于学术发展的软环境,这是发展成为一流大学的当务之急."

面对那些急功近利和短平快的不良心态及思潮,前述杨福家院士和聂华桐先生的一番论述,可谓十分切中时弊,也十分切合实际.

大连理工大学出版社能在审时度势的前提下,毅然决定立足于数学文化品格编辑出版"数学科学文化理念传播丛书",不仅意义重大,而且胆识非凡.特别是大连理工大学出版社的刘新彦和梁锋等不辞辛劳地为丛书的出版而奔忙,实是智慧之举.还有 88 岁高龄的著名数学家徐利治先生依然思维敏捷,不仅大力支持丛书的出版,而且出任丛书主编,并为此而费神思考和指导工作,由此而充分显示徐利治先生在治学领域的奉献精神和远见卓识.

序言中有些内容取材于"数学科学与现代文明"①一文,但对文字结构做了调整,文字内容做了补充,对文字表达也做了改写.

朱梧槚

2008 年 4 月 6 日于南京

---

① 1996 年 10 月,南京航空航天大学校庆期间,名誉校长钱伟长先生应邀出席庆典,理学院名誉院长徐利治先生应邀在理学院讲学,老友朱剑英先生时任校长,他虽为著名的机械电子工程专家,但从小喜爱数学,曾通读《古今数学思想》巨著,而且精通模糊数学,又是将模糊数学应用于多变量生产过程控制的第一人.校庆期间钱伟长先生约请大家通力合作,撰写《数学科学与现代文明》一文,并发表在上海大学主办的《自然杂志》上.当时我们就觉得这个题目分量很重,要写好这个题目并非轻而易举之事.因此,徐利治、朱剑英、朱梧槚曾多次在一起研讨此事,分头查找相关文献,并列出提纲细节,最后由朱梧槚执笔撰写,并在撰写过程中,不定期会面讨论和修改补充,终于完稿,由徐利治、朱剑英、朱梧槚共同署名,分为上、下两篇,作为特约专稿送交《自然杂志》编辑部,先后发表在《自然杂志》1997,19(1):5-10 与 1997,19(2):65-71.

前　言

本书是希望通过各类例子的分析讲述,由浅入深地向读者介绍数学中的"关系映射反演方法"(简称 RMI 方法).因为这种方法的实质就是"矛盾转移法",也就是把较困难的问题转化为较易处理的问题以求得解决的方法,所以这是一种非常普遍的思想方法,其应用范围远不限于数学领域.

可以说 RMI 方法是一种具有普适性的方法论原则,如果有意识地把它作为思想方法原则来运用,就有可能发现更为广阔的应用范围和前景,所以本书再版(第 1 版由江苏教育出版社于 1989 年出版)时决定把"RMI 方法"改称为"RMI 原则".

考虑到 RMI 原则在理论内涵及实际应用方面,关联到数学抽象思维、数学模式论、科学计算以及数学家的思考习惯等问题,本书再版时加进了下列四篇文章:

(1)数学家是怎样思考和解决问题的.

(2)略论科学计算在理论研究中的作用.

(3)关于数学与抽象思维的若干问题.

(4)数学模式观的哲学基础.

希望这些文章能帮助读者增强联想,使得 RMI 原则容易成为读者手中的得心应手的工具,且可能获得进一步的精化和扩充。

徐利治　郑毓信
2008 年 3 月

目 录

数学中的矛盾转换法

数学家是怎样思考和解决问题的

数学中的矛盾转换法

一 引论——从化归原则谈起

1.1 化归原则及其应用

什么是数学的特点？对此即使是一些并不具有很多专门数学知识的人，往往也能略举一二. 如"数学是十分严密的""数学是高度抽象的"等. 苏联著名数学家 A. Д. 亚历山大洛夫曾在《数学——它的内容、方法和意义》一书中，对数学的特点作了这样的概述："第一是它的抽象性，第二是精确性，或者更好地说是逻辑的严格性以及它的结论的确定性，最后是它的应用的极端广泛性."

亚历山大洛夫的这一论述是较为全面的. 但是，从另一角度讲，这里还存在这样的问题，即我们应当把数学看成是一种知识的汇集，还是看成是一种实际的（研究）活动？或者说，我们应当对此去实行静态的、逻辑的分析（例如研究数学概念的逻辑定义、数学定理的逻辑证明、数学理论的逻辑构造等），还是应当去从事动态的、历史的研究（例如，研究某一数学概念是如何产生的、某一数学定理是如何发现的、某一数学理论是如何发展的等）？

显然，所说的这两个方面是互相依赖、密切相关的. 例如，数学中的概念和结论，乃至各个具体的数学理论都是数学家实际研究活动的产物；另外，促使数学家去积极从事自己的研究活动、并为之提供具体目标和必要动力的，又正是对于数学知识的追求. 但是，数学的这两个侧面毕竟又是有所不同的. 特殊地，就数学方法论的研究而言，我们无疑地应当是从"动态"的角度去进行分析的. 因为，数学方法论正是这样的一门学问，其中所研究的主要是数学的发展规律、数学的思想方法以及数学中的发现、发明与创新的法则等，而又只有通过对于数学家的研究活动及数学的历史发展的具体考察和分析，我们才能由此而总结出"数学的发展规律,以及数学中的发现、发明与创新的法则等."从而,在这样的意义上,就数学特点的讨论而言,我们也就不能局限于"概念的高度的抽象性","结论的逻辑的严格性"这样一些结论上,而应进一步去探索数学家的思维方式及其特点:正是通过无数数学家的辛勤耕耘,数学这一已经具有几千年历史的科学分支才能永葆青春,并不断挥发出新的光辉和活力.

那么,什么是数学家的思维特点呢?对此匈牙利的著名数学家罗兹·佩特在其名著《无穷的玩艺》一书中曾作过如下的论述.她指出:这样的推理过程对于数学家的思维过程来说是十分典型的,即"他们往往不是对问题实行正面的攻击,而是不断地将它变形,直至把它转化成能够得到解决的问题".

现在用二元一次方程组的求解问题为例来对此进行说明.

为了求解如下的二元一次方程组:

$$3x + y = 14 \tag{1}$$

$$2x - y = 6 \tag{2}$$

可以首先通过"加减"或"代入"实现所谓的"消元",即

或者可以(1)+(2)得 $\qquad 5x = 20$

或者可以由(1)得 $\qquad y = 14 - 3x \tag{3}$

再把(3)代入(2)得 $\qquad 2x - (14 - 3x) = 6$

由于一元一次方程的求解问题是已经解决了的,即有 $x = 4$,再把 $x = 4$ 代入(1)并化简而得 $y = 2$.

这样,我们就通过把所要解决的问题(求解二元一次方程组)转化成能够解决的问题(求解一元一次方程),从而实现了原来的目标.

罗兹·佩特并以如下的比拟对数学家的思维方式作了生动的描绘:

有人提出了这样一个问题:"假设在你面前有煤气灶、水龙头、水壶和火柴,你想烧开水,应当怎样去做?"对此,某人回答说:"在壶中灌上水,点燃煤气,再把壶放到煤气灶上."提问者肯定了这一回答.但是,他又追问道:"如果其他的条件都没有变化,只是水壶中已经有了足够多的水,那你又应当怎样去做?"这时被提问者往往会很有信心地说:"点燃煤气,再把水壶放到煤气灶上."但是,提问者指出,这一回答

并不能使他感到满意.因为,更好的回答应是这样的:"只有物理学家才会这样做;而数学家则会倒掉壶中的水,并声称我已把后一问题化归成原先的问题了."

从而,如果把"化归"理解为"由未知到已知、由难到易、由复杂到简单的转化",那么,我们就可以说,数学家思维的重要特点之一,就是他们特别善于使用化归的方法来解决问题.从方法论的角度说,这也就是所谓的"化归原则".

在历史上曾有不少数学家从各种不同的角度对化归原则进行过论述.例如,可以同时称为数学家和哲学家的笛卡儿就曾提出过如下的"万能方法"(一般模式):

第一,把任何问题化归为数学问题;

第二,把任何数学问题化归为代数问题;

第三,把任何代数问题化归为方程式的求解.

由于求解方程的问题被认为是已经能解决的(或者说,是较为容易解决的),因此,在笛卡儿看来,我们就可利用这样的方法去解决各种类型的问题.当然笛卡儿的这一结论是不正确的,因为,任何方法都必然具有一定的局限性,从而所谓的"万能方法"是根本不存在的;但是,笛卡儿所给出的这一模式毕竟又可视为化归原则的一个具体运用,从而也就曾产生过具有重要意义的成果.例如,这事实上就是笛卡儿所赖以建立解析几何的最基本的思想原则,而后者则被认为是由初等数学阶段向变量数学时代发展的"第一个决定性步骤".

在笛卡儿以后,英国哲学家霍布斯也曾从十分一般的角度论述了如下的"方法论原则":

"从一个愿望联想起我们曾经看到过的某些方法与手段,借助于这些方法和手段,我们可以得到如所求之目标那样一类东西.再从这些方法或手段出发,我们又联想到别的一些通向它们的方法或手段,这样继续下去,直到某个我们能力所及的起点为止."您可别把霍布斯的这一论述看成是一种毫无实际价值的"哲学空谈";恰恰相反,霍布斯本人就曾依据这样的原则提出了"思维即计算"的重要思想,即认为可以把推理看成是词语和符号的加减.他写道:"借推理我意谓计算.计算或者是汇集那被加在一起的许多事物的总和,或者是知道当一个事物从另一个事物被取走,什么仍然存留.因而推理同于相加和相减.
……如经常可能的那样,以致所有的推理都可理解为这两种心智的运
算,即相加和相减."从历史的角度看,霍布斯的这一思想对于后来的
数理逻辑的发展是具有重大的启示意义的.又由于他所提出的方法论
原则,也可看成是对于化归原则的一种具体阐述,因而也就从另一角
度表明了化归原则的重要意义.

最后,美国著名数学家、数学教育家 G. 波利亚在他的《数学的发
现》一书中所给出的下述论述,可以看成是对于如何去实现由未知
(难、复杂)向已知(易、简单)的化归的具体说明.

在面临所要解决的问题时,我们应当去考虑:"这是什么类型的问
题? 它与某个已知的问题有关吗? 它像某个已知的问题吗?"

更具体地说,我们可以从所要追求的具体目标(未知元素、待证命
题)出发去进行考虑:"这里所谓的关键事实是什么? 有一个具有同样
类型的未知量的问题(特别是过去解过的问题)吗? 有一个具有同样
结论的定理(特别是过去证明过的定理)吗?"

另外,从更为一般的角度来说,我们又可考虑:"你知道一个相关
的问题吗? 你能设想出一个相关的问题吗? 你知道或你能设想出一
个同一类型的问题,一个类似的问题、一个更一般的问题、一个更特殊
的问题吗?"

这样,就可由原来的问题引出"可用的相关问题",而这也就为实
现由未知(难、复杂)向已知(易、简单)的转化提供了现实的可能性.

利用化归原则解决问题的一般模式可以表示如下(图 1-1):

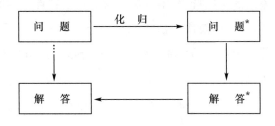

图 1-1

另外,利用化归原则解决问题的必要条件是:与原来的问题相比,化
归后所得出的问题* 必须是已经解决了的,或者是较为容易、较为简单的.

化归原则在数学中有着十分广泛的应用.事实上,打开任何一本

数学书,我们都可以从中找到这种应用的大量实例. 以下就是一些较为典型的例子.

【例1】 为了求得如图1-2所示左边图形的面积,可以采取如下的分割法:

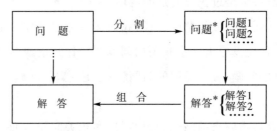

图 1-2

显然,这一分割事实上就是把一个较为复杂的图形的求积问题转化成较为简单图形的求积问题,从而也就可以看成化归原则的一个具体运用.

在此还可提出如下的更为一般的"分割方法",也即如笛卡儿所说:"把你所考虑的每一个问题,按照可能和需要,分成若干部分,使它们更易于求解."这种一般的"分割方法"可以表示为(图1-3):

问 题 →分 割→ 问题* { 问题1 问题2 ······ }

解 答 ←组 合← 解答* { 解答1 解答2 ······ }

图 1-3

显然,上述的"图形分割"就可看成这一模式的特殊例子.

从思想方法的角度看,分割方法的核心在于:"首先求得局部的解决,再进而求得整体的解决."由于这是一个一般的思维原则,因此在数学中就有着更为广泛的应用.例如,因式分解中的分组分解法就可看成这样的实例:

$$x^2 - xy + y^3 - xy^2$$

(分)

$$= (x^2 - xy) - (xy^2 - y^3)$$

$$= x(x-y) - y^2(x-y)$$

(合)

$$= (x-y)(x-y^2)$$

另外,几何作图中经常用到的"轨迹交会法"也可看成"由局部到整体"的思维原则的具体运用.具体地说,为了求得满足指定条件的对象(例如,点),我们可以首先对所说的条件进行分割;然后,只要分别求得了满足各个"部分条件"的对象的集合(相应的"轨迹"),通过求其公共部分(所谓的"交会"),也就立即可以求得满足原来条件的对象.

例如,为了求得三角形 ABC 的外接圆的圆心,即满足条件 $OA=OB=OC$ 的点 O.可以首先把这一条件分割为 $OA=OB$ 和 $OB=OC$,然后,只要分别作出满足这两个部分条件的轨迹,即线段 AB 及线段 BC 的垂直平分线,其交点就是所要求作的三角形的外接圆的圆心(图 1-4).

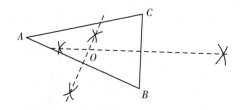

图 1-4

【例 2】 由于特殊类型的一元二次方程

$$x^2=m(m\geqslant 0)$$

的求解问题是容易解决的,因此,只要能把一般的一元二次方程

$$ax^2+bx+c=0(a\neq 0)$$

转化成这种特殊类型,一元二次方程的求解问题就得到了解决.所说的转化就可以通过"配方"得以实现,从而就有(图 1-5):

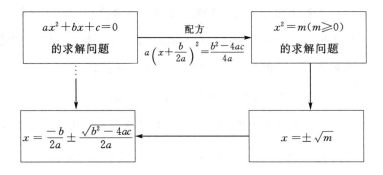

图 1-5

与分割的方法一样,这里所说的"由一般向特殊的化归"在数学中也有着广泛的应用.例如,为了解决求作两圆外公切线的问题,就可首

先设想如下的特殊情况:其中的一个圆蜕化为一个点.这一特殊情况是不难解决的(图 1-6).

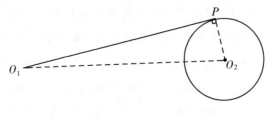

图 1-6

因此,只要能把一般的情况转化成所说的特殊情况,求作两圆外公切线的问题就得到了彻底的解决(图 1-7).从而和"由整体向局部的化归"一样,"由一般向特殊的化归"也可看成是一个普遍的思维原则.

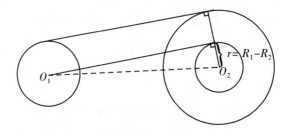

图 1-7

最后,应当指出的是,如果所涉及的问题只要求定性(而不要求定量)的解决,还可以在更为广泛的意义上使用由一般向特殊的化归.对此可用一个智力游戏为例来说明.

设想把人行道改建成能"自动行进的"(单向的)自行道,试问,如果某君由甲地(例如住所)到乙地(例如商店)往返一次,这时所花费的时间与原先所花费的时间相比是增多了,还是减少了?

为了回答这一问题,可以设想如下的特殊情况:自行道的运行速度恰好等于某君的步行速度.显然,这时某君或者永远到不了乙地(假设由甲地到乙地的方向与自行道的运行方向相反),或者永远不能由乙地返回甲地(假设由甲地到乙地的方向与自行道的运行方向相同).从而,一般的结论就是:在自行道上往返一次所花费的时间要多于在通常的人行道上往返一次所花费的时间.

【例3】 由于"一项乘积为零,当且仅当它的某一因子为零",因此,因式分解法就可以用来求解某些较为简单的方程.

如求解方程:

$$x^3 - 5x^2 + 6x = 0$$

由于

$$x^3 - 5x^2 + 6x = x(x-2)(x-3)$$

因此原方程即为

$$x(x-2)(x-3) = 0$$

从而得解:

$$x_1 = 0, x_2 = 2, x_3 = 3$$

类似地,由于"和(差)的积分等于积分的和(差)",因此,有理函数的积分问题就可通过以下的方法得到解决(图1-8):

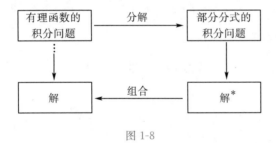

图 1-8

如计算:

$$\int \frac{2x+3}{x^3 + x^2 - 2x} \mathrm{d}x$$

由于被积函数可分解如下:

$$\frac{2x+3}{x^3 + x^2 - 2x} = -\frac{3}{2x} + \frac{5}{3(x-1)} - \frac{1}{6(x+2)}$$

因此有

$$\int \frac{2x+3}{x^3 + x^2 - 2x} \mathrm{d}x$$

$$= -\frac{3}{2} \int \frac{1}{x} \mathrm{d}x + \frac{5}{3} \int \frac{1}{x-1} \mathrm{d}x - \frac{1}{6} \int \frac{1}{x+2} \mathrm{d}x$$

$$= -\frac{3}{2} \ln|x| + \frac{5}{3} \ln|x-1| - \frac{1}{6} \ln|x+2| + C$$

由于无论是把一个代数式表示成若干个代数式的和(差),或是表示成若干个代数式的积,都是一种恒等变形,因此,由上面的实例也就可以引出如下的一般结论:在数学中的恒等变形,也经常可被用来实现由未知(难、复杂)向已知(易、简单)的化归.

例如,除去上述的恒等变形以外,我们还经常用到三角函数的恒等变形.

如求解方程

$$\sin x - \sqrt{3}\cos x = \sqrt{2}$$

由于

$$\sin x - \sqrt{3}\cos x$$

$$= 2 \cdot \left(\frac{1}{2}\sin x - \frac{\sqrt{3}}{2}\cos x \right)$$

$$= 2\left(\cos\frac{\pi}{3} \cdot \sin x - \sin\frac{\pi}{3}\cos x \right)$$

$$= 2 \cdot \sin\left(x - \frac{\pi}{3} \right)$$

因此,原方程即为

$$2\sin\left(x - \frac{\pi}{3} \right) = \sqrt{2}$$

也即

$$\sin\left(x - \frac{\pi}{3} \right) = \frac{\sqrt{2}}{2}$$

故有解

$$\begin{cases} x = 2k\pi + \frac{\pi}{4} + \frac{\pi}{3} \\ x = 2k\pi + \frac{3\pi}{4} + \frac{\pi}{3} \end{cases} \quad (k \text{ 为整数})$$

最后,应当指出的是,上述的例子事实上都可看成整个问题的"等值变形",即把原来的问题变形为一与之相"等价"的问题;而如果允许一定的"误差"的话,所说的方法还可在更为广泛的意义上得到应用.

例如,求解分式方程和无理方程的过程,就可视为具有一定误差的"等值变形"的实例,因为,在分式方程的"整式化"和无理方程的"有理化"过程中,就有可能产生增根;但是,只要我们注意如何去防止"误差"(例如,进行验根),所说的方法就仍然是十分有效的.如图1-9所示.

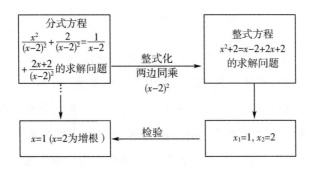

图 1-9

又如图 1-10 所示.

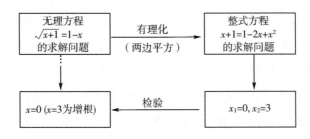

图 1-10

由此可见,(广义的)等值变形也是一个在数学中有着重要应用的普遍的思维原则.

【例 4】　借助于通分,可以把异分母的分数变形为同分母的分数,又由于同分母分数的加减运算就相当于整数(分子)的加减运算,因此通过通分事实上就实现了由分数的加减运算向整数的加减运算的化归.

一般地说,上述的处理方法可以看成是数系扩张中的一个重要的"方法论原则",即我们应把一种新的、不那么熟悉的数(例如,分数、有理数、复数)的运算转化为另一种已知的、比较牢固地掌握了的数(相应地,整数、非负数、实数)的运算来进行处理.由于所说的转化在严格的数学理论中,往往是以定义的形式加以表述的,因此,也就可以说,数学中的不少定义(构造性定义),实际上也是一种由未知向已知的化归,即与化归的思想原则密切地联系着的.

综上可知,化归原则在数学中有着十分广泛和重要的应用.

1.2　从化归原则到关系映射反演方法

如前所述,从动态的角度看,数学是一种由一代继一代的数学家所实际从事的、并处于不断发展之中的宏伟事业.显然,所说的"数学发展"也应当包括数学研究方法的发展,因为,如果没有研究方法的进步,任何重大的理论发展都是不可能的.(这一事实的最有力的证据是:任一数学分支都有它自己的特殊的研究方法.)而这也就由此而十分清楚地表明了数学方法论研究的重要性.

我们也可从各种不同的角度对数学方法的发展作出分析.例如,正如前面所已经指出的,新的研究方法的创立,往往就是建立新的数学理论的必要条件.另外,除了这种外延上的扩展以外,我们还应看到已有的方法在深度上的发展.例如,公理化方法由朴素的公理化方法到抽象的公理化方法的发展就是一个典型的例子.一般地说,任何一种数学方法都必须予以深化和发展,因为只有这样,它们才能不断地获得新的和更为广泛的意义,也只有这样,才能适应数学发展的需要,并在新的研究中更有效地发挥作用.在一定的意义上,由化归原则到关系映射反演方法的发展,也就是这样一种在深度上的发展.

由于数学方法的发展与数学(知识)的发展是直接相关的.下文就将结合数学研究上的具体进展来对由化归原则到关系映射反演方法的发展进行说明.

如所知,17世纪前后,数学的发展由常量数学阶段进入了一个新的时代,即变量数学时代.研究对象的变化是这一发展的主要标志,即由常量的研究过渡到了变量及其制约关系——函数——的研究.另外,解析几何与对数计算法的创立,则都被认为是这一发展中的重要组成部分.

对于解析几何的基本方法,大家都是比较熟悉的了,即其中所采用的是代数方法.例如,为了证明"三角形的三条高共点",我们就可采用如下的"计算法":

如图 1-11 所示,以 BC 边为 x 轴、以 BC 边上的高 AD 为 y 轴建立坐标系.不失一般性,可设 A、B、C 三点的坐标分别为 $A(0,a)$、$B(b,0)$、$C(c,0)$,依据解析几何的有关知识,立即可以求得三角形三

条边所在直线的斜率分别为

$$K_{BC} = 0, K_{CA} = -\frac{a}{c}, K_{BA} = -\frac{a}{b}$$

进而,三条高所在直线的方程就分别为

$$AD : x = 0$$
$$BE : cx - ay - bc = 0$$
$$CF : bx - ay - bc = 0$$

这三个方程显然有公共解 $\begin{cases} x = 0 \\ y = -\dfrac{bc}{a} \end{cases}$,从而就证明了三角形的三条高

共点.

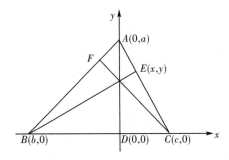

图 1-11

不难看出,上述的解题过程就是化归原则的一个具体运用,即如图 1-12 所示.

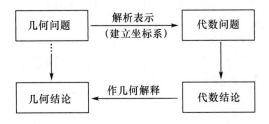

图 1-12

由于解析几何的方法(解析方法)十分有效地被用于圆锥曲线(椭圆、双曲线、抛物线)的研究,因此,解析几何这一新的分支在数学中的地位就很快得到了确立.但是除了这一具体的数学成果以外,从方法论的角度来看,我们显然又应考虑这样的问题:解析方法的创立是否还具有更为一般的意义?或者说,由于这一方法的创立,我们还能在方法论上得到些什么样的启示和教益?

伟大的天文学家和数学家开普勒曾指出:"我珍视类比胜于任何别的东西,它是我最可信赖的老师,它能揭示自然界的秘密,在几何学中,它应该是最不容忽视的."事实上,类比的方法不仅在具体的数学知识的研究中是不容忽视的,在方法论的研究中也具有十分重要的意义.因为,只有通过比较,我们才能由各个特殊问题的解决而引出一般的方法(或者说,方法论上的一般结论).正是出于这样的考虑,在具体地分析解析法的创立在方法论上的一般意义以前,让我们首先来考察已提及的另一项重要的发明——对数计算法.

例如,为了求得 $s = \dfrac{729^2 \times \sqrt[3]{3.24}}{12.01^5}$,可以用对数计算法计算如下:

(1) 取对数

$$\lg s = \lg\left(\frac{729^2 \times \sqrt[3]{3.24}}{12.01^5}\right) = 2\lg 729 + \frac{1}{3}\lg 3.24 - 5\lg 12.01$$

(2) 查表计算

$$\lg s = 2 \times 2.8627 + \frac{1}{3} \times 0.5105 - 5 \times 1.0795 = 0.4981$$

(3) 取反对数

$$s = 3.149$$

显然,上述计算过程也是化归原则的一个具体运用,即通过取对数而把较为复杂的计算(乘除、乘方、开方)化归成较为简单的计算(加、减、乘、除).即如图 1-13 所示.

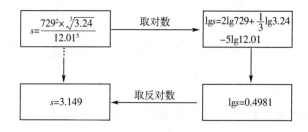

图 1-13

对数计算法的创立在历史发展中也是具有重要意义的.对此拉普拉斯曾形象地描述道:"对数计算通过缩短计算的时间,而延长了天文学家的生命."但是,由对数计算法的创立,我们又可在方法论上引出些什么样的一般结论呢?

由于解析方法和对数计算法都是化归原则的具体运用,因此,可从这样的角度通过比较来进行分析.

与前述的其他实例相比,解析方法和对数计算法具有以下的特点:

第一,着眼点的变化.在这两个例子中,我们所关注的事实,实际上已经不是单纯地去解决某一个问题,而是希望能建立一种普遍有效的方法,也即能建立这样一种明确的程序,可以使之有效地去解决某一类问题.

例如,(平面)解析几何的基本问题为:(1)根据曲线的几何条件,求得它的方程;(2)依据方程的代数性质去研究相应曲线的几何性质.显然,这事实上也就是化归原则在解析几何中之实际运用的具体模式,而我们也正是利用这一明确的程序,才能有效地对椭圆、双曲线和抛物线等圆锥曲线进行研究.

第二,解析方法和对数计算法之所以能起到上述作用,主要是由于它们并非仅仅是在两个具体的问题(问题、问题*)之间实现了转化,而事实上是在两个对象系统之间建立了对应关系.具体地说,在解析几何中,我们是通过建立坐标系在平面点集与二元实数组的集合之间(进而,在曲线与具有两个变量的方程的集合之间)建立了对应.由于平面点集是一种几何结构,实数集则是一种代数结构,因此,这里所做的,实际上就是在整体上实现了由几何向代数的化归.另外,在对数计算中,我们是利用对数函数在正实数集合与实数集之间建立了对应.由于积(商)的对数等于对数的和(差),幂的对数等于底数的对数与指数的积,等等,因此,这也就在整体上实现了由较复杂的运算(乘、除、乘方、开方)向较简单的运算(加、减、乘、除)的转化.

通常把彼此之间具有确定的数学关系(例如,运算关系、序关系等)的数学对象的集合称为关系结构.从而,我们就可以说,解析方法与对数计算法,实际上就是在两个关系结构之间建立了对应关系.

第三,在解析几何和对数计算的实例中,由复杂到简单和由难到易的转化,都是在严格的数学形式下得到实现的,也即通过两个关系结构的对象之间建立明确的对应关系来实现的.例如,在建立了坐标系以后,平面上任何一个点都唯一地确定了一个实数偶;反之亦然.类似地,在确定了对数的底数以后,任一正实数都具有唯一的对数;反之亦然.不难看出,正是这种精确的对应关系,保证了结论的可靠性(准确性).

明确的对应关系在数学中被称为映射关系;此外,又由于在整个过程中所说的对应是在相反的方向上两次得到了应用,即首先被用于由原来的问题去引出新的问题*,后来又被用于由相应的解答*去引出所寻找的解答,因此,在此也就有必要引进关于映射及其逆映射(反演)的区分,即如图 1-14 所示.

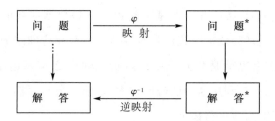

图 1-14

综上所述,化归原则在解析几何和对数计算中的具体运用就可归结为如下的模式(图 1-15):

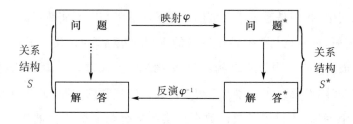

图 1- 15

为了强调这一模式与前述的化归原则的一般模式的区别,对此我们特称之为"关系映射反演方法".由上述的分析可以看出,与一般的化归原则相比,"关系映射反演方法"的建立,标志着在这一方向上达到了新的更高的抽象程度,以及更大的严密性(从而也就具有更为广泛而重要的应用),因此,从方法论的角度看,这一发展就是一次重要的进步.而由前面的论述我们已经知道,数学方法的这一进步又是与数学的发展,也即由常量数学时期向变量数学时期的过渡直接相关的.

二 关系映射反演方法（一）

2.1 关系映射反演方法的一般分析

从本章和下章中的许多例子将可看出，关系映射反演方法在数学研究的各个领域中都有着十分重要的应用．因此，它是一种具有普遍意义的一般方法，对它自然有必要从方法论的角度作出进一步的分析．

1. 数学对象与关系结构

数学对象泛指各个具体的数学理论中所涉及的数学概念．如数、量、向量、变数、函数、方程、泛函、函数族、点、线、面、几何图形、空间、集合、运算、算子、映射、随机变数、概率、分布、测度、级数、导数、积分、模糊集、群、环、域、范畴、代数系统、基数、序数、邻域、单子、非标准实数、数学模型、滤集等．

数学对象的一个共同特点是，它们都是一种"量性对象"，即在对数学对象进行研究时，完全舍弃了相应事物（现实原型）的质的内容，而仅仅保留了它们的量的特性．另外，数学对象的又一个重要特点是，它们都是一种"逻辑构造"，即借助于明确的定义逻辑地得到"构造"的．具体地说，就派生概念而言，它们是以已有的概念为基础通过直接的定义得到"构造"的．如圆就被定义为"到定点（圆心）的距离等于定长（半径）的点的轨迹（集合）"．另外，对原始概念来说，相应的公理就可以直接看成关于这些对象的"隐定义"．例如，按照希尔伯特的《几何基础》，（欧氏平面）几何中的点、线、面这样三个基本概念就可借助于联结公理等五个公理组得到刻画．显然，正是这种明确的逻辑构造保证了数学对象的一义确定性，而这也就是人们之所以能对数学对象进行客观的研究（进而，数学能够成为一门科学）的必要条件．

此外,数学对象的逻辑构造,同时也清楚地表明了数学对象并不是孤立地"存在的",而是彼此之间具有明确的制约关系. 从而,各个数学理论事实上也就是一种关系结构.

具体地说,数学对象之间的确定关系即所谓的数学关系,如代数关系、序关系、拓扑关系、函数关系、泛函关系、相容关系、不相容关系等. 另外,彼此之间具有某种或某些数学关系的数学对象的集合就称为关系结构.

2. 映射与反演

凡是在两类数学对象或两个数学集合的元素之间建立了一种"对应关系",则就定义了一个映射. 例如,代数中的线性变换、几何中的射影变换、分析学中的变数变换、函数变换、数列变换、积分变换以及拓扑学中的拓扑变换等都是映射概念的熟知例子.

设 φ 是一个映射,它把集合 $S=\{a\}$ 中的元素映入(或映满)另一集合 $S^*=\{a^*\}$,其中 a^* 表示 a 的映象,a 称为原象,这时可记作:

$$\varphi: S \longrightarrow S^*, \quad \varphi(a)=a^*$$

特殊地,如果 S 还是一个关系结构,而 φ 能够将 S 映满 S^*,则可记:

$$S^*=\varphi(S)$$

并称 S^* 为映象关系结构.

最后,如果 φ 是可逆的话,就把 φ 的逆映射称为"反演",并记为 φ^{-1}. 从而也就有:

$$\varphi^{-1}: S^* \longrightarrow S$$

3. 关系映射反演方法

在关系映射反演方法的具体应用中,所面临的问题往往是如何去确定关系结构 S 中的某一未知性状的对象. 我们称这样的对象 x 为目标原象,而把 x 在映射 φ 之下的映象 $x^*=\varphi(x)$ 称为目标映象.

特殊地,如果目标映象 x^*(的性状)可以通过确定的数学方法在映象关系结构 S^* 中得到确定,则就称这个映射 φ 为可定映映射. 从而,数学中的关系映射反演方法就可一般地表述如下:

给定一个含有目标原象 x 的关系结构 S,如果能找到一个可定映映射 φ,将 S 映入或映满 S^*,则可从 S^* 通过一定的数学方法把目标

映象 $x^* = \varphi(x)$ 确定出来,进而,通过反演 φ^{-1} 又可以把 $x = \varphi^{-1}(x^*)$ 确定出来,这样,原来的问题就得到了解决.

为方便起见,可以把关系(Relationship)映射(Mapping)反演(Inversion)方法简称为 RMI 方法. 利用 RMI 方法解决问题的过程可用框图表示(图 2-1):

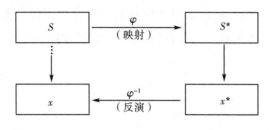

图 2-1

这也就是说,整个过程包括这样几个步骤:

关系—映射—定映—反演—得解

2.2 应用实例

这是一个著名的论述:"无论何人认识什么事物,除了同那个事物接触,即生活于(实践于)那个事物的环境中,是没有法子解决的."这也就是说:"只有亲自参加到变革现实、变革某种或某些事物的实践斗争中去,才能接触到那种或那些事物的现象,也只有在亲身参加变革现实的实践斗争中,才能暴露那种或那些事物的本质而理解它们."这一论述当然也适用于数学方法论的研究. 因此,为了深入理解 RMI 方法的本质,从而真正地掌握这一方法,我们也就必须注意这一方法在数学研究中的实际应用,即应结合大量的实例来作进一步的思考和分析.

事实上,在日常生活中也可以找到 RMI 方法的应用的典型事例. 比如说,一个人对着镜子剃胡子,镜子里照出他脸颊上胡子的映象,从胡子到映象的关系就是映射. 作为原象的胡子和剃刀两者的关系可以叫作原象关系,这种原象关系在镜子里表现为映象关系. 他从镜子里看到这种映象关系后,便能调整剃刀的映象与胡子的映象的位置关系,使镜子中的剃刀映象去触及胡子映象. 于是,他也就真正修剃了胡子. 这里显然用到了反演原则,因为,他正是根据镜子里的映象能对应地反演为原象的这一原理,使剃刀准确地修剃了真实的胡子(原象).

下面是 RMI 方法在数学中应用的一些较为简单的例子.

【例1】 线性变换是一种最为简单的映射,但却往往能够有效地被用来解决许多代数问题.

例如,前一章中所提到的"配方"(1.1节例2),事实上就是一种线性变换 $y=x+k$,而利用这一变换我们不仅可以使得二次方程,也可以使得三次方程实现由一般向特殊的化归,即如图 2-2 所示.

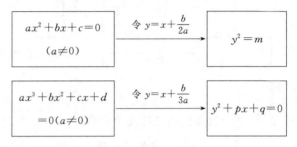

图 2-2

这样,一旦所说的特殊方程的求解问题得到了解决,一般方程的求解问题也就解决了.

另外,从几何的角度看,上述的特殊的线性变换就相当于坐标轴的平移,而由解析几何的研究,我们已经知道,坐标轴的平移也有着十分广泛的应用.

例如,为了判定二元二次方程 $x^2+y^2-2x+4y-4=0$ 所代表的曲线,就可引进如下的坐标变换

$$\varphi: \begin{cases} x'=x-1 \\ y'=y+2 \end{cases}$$

这时就有(图 2-3):

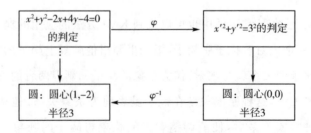

图 2-3

平面解析几何还为我们提供了这样的知识:为了判定一般的二元二次方程 $Ax^2+Bxy+Cy^2+Dx+Ey+F=0$ 所代表的曲线,我们不仅要用到坐标轴的平移,而且还要用到坐标轴的旋转,也即必须引进如下的变换:

$$\begin{cases} x'=x\cos\alpha+y\sin\alpha \\ y'=-x\sin\alpha+y\cos\alpha \end{cases}$$

其中 $\alpha=\dfrac{1}{2}\arctan\dfrac{B}{A-C}$.

例如,为了判定方程 $2x^2-\sqrt{3}\,xy+y^2=10$ 所代表的曲线,就可引进如下的变换:

$$\varphi:\begin{cases} x'=\dfrac{\sqrt{3}\,x-y}{2} \\ y'=\dfrac{x+\sqrt{3}\,y}{2} \end{cases}$$

这时就有(图 2-4):

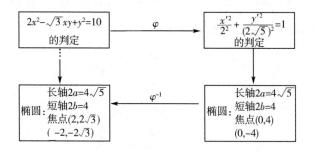

图 2-4

一般地说,通过综合地应用平移和旋转,我们就可以有效地判定一般的二元二次方程代表的曲线,而这事实上就是应用了如下的特殊的线性变换(不包括反射的正交变换).

$$\begin{cases} x'=a_1x+b_1y+m \\ y'=a_2x+b_2y+n \end{cases}$$

其中 $a_1b_1+a_2b_2=0$,$a_1^2+a_2^2=1$,$b_1^2+b_2^2=1$.

最后,从几何的角度看,一般的线性变换

$$\begin{cases} x'=a_1x+b_1y+m \\ y'=a_2x+b_2y+n \end{cases}$$

就是所谓的仿射变换,即其中不仅包括了平移和旋转(以及反射),而且包括了向着坐标轴的压缩.解析几何的知识告诉我们,所有的椭圆都是彼此仿射的,即可以通过适当的仿射变换而互相变换.(同样地,所有的双曲线也是彼此仿射的,所有的抛物线也是彼此仿射的.)因此,我们也就可以通过由一般(例如,椭圆)向特殊(例如,圆)的化归,来从事整个一类曲线的仿射性质(在仿射变换下保持不变的性质)的研究.

例如,假设给定了一个椭圆,需要找出外切于这个椭圆的最小面积的三角形.为了解决这一问题,我们可以先就特殊的情况——圆——来进行分析.显然,这时所要求的三角形是等边三角形.然后,我们再转到一般的情况——椭圆.这时可向着椭圆的长轴作这样的伸展,使之变形为圆(图 2-5).由于所作的伸展(仿射变换)具有这样的特征:①所有外切于椭圆的三角形都变成外切于所得到的圆的三角形;②所有圆形的面积,特别是所有这些三角形的面积,都增大同一个倍数,从而我们也就可以看出,外切于椭圆的最小面积的三角形,就是那些由外切于圆的等边三角形经过相反的变化(反演)而得出的三角形.这样,原来的问题就得到了解决.

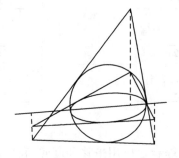

图 2-5

又如,从一般的三角方程 $y = a\sin(\omega x + \varphi) + b$ 出发,通过适当的仿射变换

$$\begin{cases} x' = \omega x + \varphi \\ y' = \dfrac{1}{a}y - \dfrac{b}{a} \end{cases}$$

就可变形为特殊的三角方程 $y' = \sin x'$,从而也就可以用正弦曲线($y = \sin x$ 的图像)为依据,并通过相应的变换去得出原方程的曲线.

【例 2】 非线性的代数变换也常常被用于由未知向已知的转化.

例如,利用映射 $\varphi: y = x^2$,双二次方程就可以转化成二次方程来求解.即如图 2-6 所示.在一定的意义上,以下的求解无理方程的过程可以视为上述变换在"相反方向"上的应用(图 2-7):

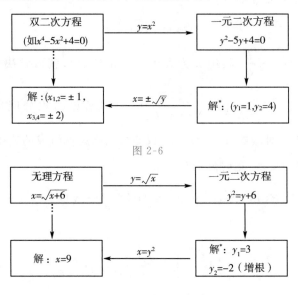

图 2-6

图 2-7

类似的变换也可被用于不定积分.

如给定

$$\int (1+x^2)^3 x \, \mathrm{d}x$$

令 $(1+x^2) = y$,则 $2x\mathrm{d}x = \mathrm{d}y$,从而有

$$\int (1+x^2)^3 \, \mathrm{d}x$$

$$= \frac{1}{2}\int y^3 \, \mathrm{d}y = \frac{1}{8}y^4 + C$$

$$= \frac{1}{8}(1+x^2)^4 + C$$

又如给定

$$\int \frac{\mathrm{d}x}{(1+\sqrt[3]{x})\sqrt{x}}$$

令 $y = \sqrt[6]{x}$,则 $x = y^6$,$\mathrm{d}x = 6y^5 \mathrm{d}y$,从而有

$$\int \frac{\mathrm{d}x}{(1+\sqrt[3]{x})\sqrt{x}} = \int \frac{6y^5 \, \mathrm{d}y}{(1+y^2)y^3} = \int \frac{6y^2}{1+y^2} \, \mathrm{d}y$$

$$= 6\int \left(1 - \frac{1}{1+y^2}\right) \mathrm{d}y$$

$$= 6(y - \arctan y) + C$$

$$= 6\sqrt[6]{x} - 6\arctan\sqrt[6]{x} + C$$

一般地说,借助于变换

$$\varphi : y = \sqrt[n]{ax+b}$$

或 $\varphi : y = \sqrt[n]{\dfrac{ax+b}{cx+d}}$(其中 n 为大于 1 的正整数),就可解决任一形如

$R(x, \sqrt[n]{ax+b})$ 或 $R\left(x, \sqrt[n]{\dfrac{ax+b}{cx+d}}\right)$ 的无理函数的积分问题.(在此

$R(u, v)$ 表示对函数 $u(x)$ 和 $v(x)$ 仅施行四则运算组成的式子.)因为,

通过所说的变换,这时分别有

$$\int R(x, \sqrt[n]{ax+b})\mathrm{d}x = \int R\left(\frac{y^n - b}{a}, y\right) \cdot \frac{ny^{n-1}}{a}\mathrm{d}y$$

以及

$$\int R\left(x, \sqrt[n]{\frac{ax+b}{cx+d}}\right)\mathrm{d}x = \int R\left(\frac{dy^n - b}{a - cy^n}, y\right) \cdot \frac{n(ad - bc)y^{n-1}}{(a - cy^n)^2}\mathrm{d}y$$

这样,上述函数的积分问题就被转化成了有理函数的积分问题.而后
者则是已经解决了的.(参见 1.2 节例 3)

【例 3】 在更为一般的意义下,我们可以用任意的函数变换在关
系结构 S 和映象关系结构 S^* 之间建立所需要的对应.

例如,前面所提及的对数计算法,实际上就建立在如下的对数变
换之上的:

$$\varphi : x \longrightarrow \lg x$$

即如图 2-8 所示.

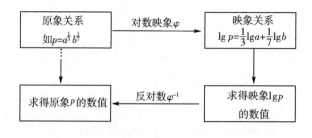

图 2-8

与例 2 的讨论相类似,在此也可在"相反的方向"上去应用所说的
变换.例如,求解 n 阶常系数齐次线性微分方程 $y^{(n)} + p_1 y^{(n-1)} + \cdots +$

$p_n y = 0$ 之过程，即可看成是这样的实例.

具体地说，通过引进变换 $y = e^{\lambda x}$，原来的求解微分方程的问题就被转化成了求解相应的代数方程 $\lambda^n + p_1 \lambda^{n-1} + \cdots + p_n = 0$（称为特征方程）的问题. 这样，只要求得了后一方程的解，也就可以进而求得原来的微分方程的解. 即如图 2-9 所示.

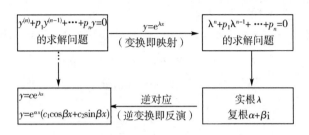

图 2-9

其次，与三角函数直接相联系的则有所谓的"万能变换"：$y = \tan \dfrac{x}{2}$（从而就有 $\sin x = \dfrac{2y}{1+y^2}, \cos x = \dfrac{1-y^2}{1+y^2}, \tan x = \dfrac{2y}{1-y^2}, \cdots$）. 利用这一变换可将任一三角函数的有理式 $R(\sin x, \cos x)$ 变形为 $y = \tan \dfrac{x}{2}$ 的有理式，这样，三角函数有理式的积分问题也就得到了解决.

如给定 $\displaystyle\int \dfrac{1 + \sin x}{\sin x (1 + \cos x)} dx.$

令 $y = \tan \dfrac{x}{2}$，则 $x = 2\arctan y, dx = \dfrac{2}{1+y^2} dy$，从而有

$$\int \dfrac{1 + \sin x}{\sin x (1 + \cos x)} dx$$

$$= \int \left[\dfrac{(1+y)^2 (1+y^2)}{4y} \right] \dfrac{2}{1+y^2} dy$$

$$= \dfrac{1}{2} \int \dfrac{(1+y)^2}{y} dy$$

$$= \dfrac{1}{2} \int \left(\dfrac{1}{y} + 2 + y \right) dy$$

$$= \dfrac{1}{2} \left(\ln |y| + 2y + \dfrac{y^2}{2} \right) + C$$

$$= \dfrac{1}{4} \tan^2 \dfrac{x}{2} + \tan \dfrac{x}{2} + \dfrac{1}{2} \ln \left| \tan \dfrac{x}{2} \right| + C$$

另外，三角函数变换有时也可被用于某些无理函数的积分. 例如，

为了求得形如 $R(x,\sqrt{ax^2+bx+c})$ 的无理函数的不定积分,可以首先对二次三项式 ax^2+bx+c 进行配方;然后,通过引进适当的三角函数变换,就可将原来的问题转化为三角函数有理式的积分,而这是已经解决了的.

如给定 $\displaystyle\int\frac{\mathrm{d}x}{\sqrt{x^2+6x+5}}$.

由于 $x^2+6x+5=(x+3)^2-4$,故令 $x+3=2\sec t$,则

$$x^2+6x+5=4\sec^2 t-4=4\tan^2 t$$

$$\mathrm{d}x=2\sec t\cdot\tan t\,\mathrm{d}t$$

从而有

$$\int\frac{\mathrm{d}x}{\sqrt{x^2+6x+5}}=\int\frac{2\sec t\cdot\tan t\,\mathrm{d}t}{2\tan t}=\int\sec t\,\mathrm{d}t$$

$$=\ln|\sec t+\tan t|+C$$

$$=\ln|x+3+\sqrt{x^2+6x+5}|+C$$

最后,应当指出的是,为了实现由未知向已知的转化,有时还可应用一些较为特殊的函数变换,对此可用一元三次方程 $x^3+px+q=0$ 的求解问题为例加以说明.

具体地说,为了求得所说的特殊类型的三次方程的解,可以引进如下的变换:

$$x=u+v$$

这时原方程就变形为

$$(u+v)^3+p(u+v)+q=0$$

即

$$u^3+3u^2v+3uv^2+v^3+pu+pv+q=0$$

也即

$$u^3+(3uv+p)u+(3uv+p)v+v^3+q=0$$

从而,如果取 $3uv=-p$,对这样选择的 u 和 v 就有

$$\begin{cases}u^3+v^3+q=0 & \text{①}\\ 3uv=-p & \text{②}\end{cases}$$

由于 ② 式可以变形为 $u\cdot v=-\dfrac{p}{3}$,即 $(u^3\cdot v^3)=-\dfrac{p^3}{27}$. 因此,由二次方程的有关知识可知,$u^3$ 和 v^3 就是二次方程

$$y^2 + qy - \frac{p^3}{27} = 0$$

的解. 这样, 原来的问题就转化为一元二次方程的求解问题而获得了解决. 即如图 2-10 所示.

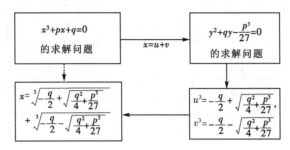

图 2-10

由于一般的三次方程 $ax^3 + bx^2 + cx + d = 0$ 总可转化成所说的特殊类型(例 1), 从而三次方程的求解问题也就彻底解决了.

对上述过程进行分析, 容易看出, 其中的关键在于引进了参数 u 和 v, 由于 u 和 v 具有一定的"自由度"(在开始时, 只规定了它们的和为 x), 因此, 它们的引进就使得原来的问题处于一种可变的状态, 这样, 通过 u 和 v 的适当选择(令 $3uv = -p$), 我们就最终实现了由三次方程向二次方程的化归. 鉴于上述原因, 所说的办法通常就被称为"参数变异法"; 而由上面的介绍可以看出, 参数的引进事实上也就建立了一种特殊的函数变换.

【例 4】 在数学研究中, 还经常利用一些特殊的方法, 以便在关系结构 S 与映射关系结构 S^* 之间建立必要的对应. 例如, (平面、空间)坐标系的建立就是一个典型的例子(图 2-11).

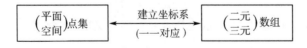

图 2-11

进而, 由于任一复数 $a + bi$ 都是由一组实数 (a, b) 所唯一确定的, 反之亦然; 而平面上的点则又一一对应于起点位于原点的向量. 因此, 也就可以在复数的集合与平面向量(起点位于原点)的集合之间建立一一对应, 而这就为利用几何方法去定义复数及其运算提供了必要的基础. 例如, 可以依据向量的加法来定义复数的加法. (图 2-12,

图 2-13），另外，复数的乘法就相当于这样一种向量运算：所得出的新向量的长度（模）等于原来两个向量的长度的乘积，它与 x 轴的正方向所成的夹角（幅角）等于原来两个向量的幅角的和．即如图 2-14 所示．

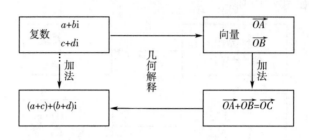

图 2-12

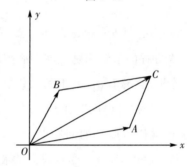

图 2-13

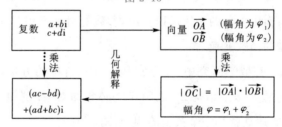

图 2-14

从历史上看，上述表示法是具有重要意义的．在此以前，复数是作为"理想元素"，也即作为纯粹思维的想象物而被引进的（$i=\sqrt{-1}$）；也正因如此，尽管这种"假想的数"已被证明对数学研究是十分有用的，但在很长的时期内，不少数学家对此却仍然持有怀疑态度．例如，即使在复函数论在流体力学中应用了好长一段时间之后，剑桥大学的少数教授们还依然表现出一种对 $\sqrt{-1}$ 的厌恶心理，甚至采用一种笨拙的方法去杜绝它的出现．然而，由于上述几何表示法的引进，"复数的直观意义就完全建立起来了"．从而它在数学中的地位也就终于得到了确立.

由于上述过程事实上就是以一种已为人们所接受的数学理论为基础,去证明另一种理论的合理性;因此,从方法论的角度看,上面的例子也就表明了这样一点:RMI 方法不仅可以被用于解决具体的问题(例如,寻找某个未知量等),而且也可以在其他方面、或者说在更高的层次上得到应用.(在下两章的讨论中,我们还将见到这样的例子.)

最后,还应指出的是,上述的"点数对应"也可被应用于证明某些几何问题的"不可解性". 例如,关于几何"三大难题"的研究就是这样的例子.

所谓几何三大难题,就是古希腊时代提出的三个尺规作图问题:

(1)要求作一正方形,使其面积等于单位圆的面积,也即要求作出长为 $\sqrt{\pi}$ 的线段. 这叫作"圆化方问题".

(2)要求作一立方体,使其体积等于原单位立方体体积的二倍,也即要求作出长度为 $\sqrt[3]{2}$ 的线段. 这叫作"倍立方问题".

(3)要求把任意角进行三等分. 这叫作"三分角问题".

利用任何有限个步骤的尺规作图法都不可能解决上述三题一事,早在 19 世纪已获得了彻底的澄清;但是,关于这"不可能性"的论证细节却很冗长而烦琐(需要用到伽罗瓦理论等),故在此处就只能对其基本思想作十分简要的描述.

在如上(1)和(2)两题的陈述中,把作图要求转化为求作长度为 $\sqrt{\pi}$ 与 $\sqrt[3]{2}$ 的线段,这实际上已经用到了形数对应法则. 事实上,为了建立尺规作图可能性准则,必须应用解析几何的形数对应方法才能获得成功.

分析一切几何作图的基本步骤,无非是要确定一些点的位置. 在笛卡儿坐标平面上,点的位置由纵横坐标所确定. 因此,作图过程的基本步骤又可归结为求作定长的线段. 定长线段乃是最基本的几何量.

任何作图不能从"乌有"开始,因此,不失一般性,我们总可把作图开始用的原先给定的几何量看作一个单位长线段,单位长是人为规定的,作此规定对下面的分析叙述较为方便. 下面我们采用解析几何的形数对应观点分析问题.

如众所知,一旦取定单位长线段对应于数量 1 之后,数轴上那些代表有理数的坐标点,便可由尺规作出. 如果考虑的是笛卡儿坐标平面,则一切以有理数为纵横坐标的位置点便都可由尺规作出. 这些点可称为有理点. 用直尺作图可以联结任意两个有理点,当然还可以借助于圆规作出各个有理数的平方根以及平方根的平方根等数量.

在上述坐标平面上,使用直尺作出的直线、使用圆规作出的圆周,它们的方程式无非是如下的形式:

$$ax+by+c=0$$
$$(x-d)^2+(y-e)^2=r^2$$

这里 a、b、c、d、e、r 等也都是有理数经过有限次加、减、乘、除和开方等五则运算得出的数量. 所谓尺规作图法,按形数对应的解析几何观点来看,无非是利用直线与直线相交、直线与圆周相交、圆与圆相交等截取交点的几种基本方式进行的. 自然,这些交点坐标相应的是由两个一次联立方程、一次与二次联立方程、两个二次联立方程的代数解法来确定的. 因此,所能得出的数量都是由有理数经过有限多次五则运算表示出来的数量. 尺规作图可能作出的仅限于这类形式的数量(通常表现为线段长的几何量). 这便是尺规作图的一条准则,它可以用来判断哪些作图题可用尺规解决,哪些则不能解决.

根据形数对应法则,我们已经知道倍立方问题与圆化方问题所要求作的数量分别是 $\sqrt[3]{2}$ 和 $\sqrt{\pi}$. 可是,根据伽罗瓦理论和 1882 年林德曼关于 π 和 $\sqrt{\pi}$ 都是超越数的证明,$\sqrt[3]{2}$ 和 $\sqrt{\pi}$ 都不属于上述尺规作图准则所确定的数量范围. 因此,问题(1)和(2)都是尺规作图所不可能解决的问题.

为说明三分角问题不能解,只需以 60°角为例说明即可. 为把 60°角三等分,必须用尺规作出数量 sin20° 或 cos20°. 在熟知的三角恒等式

$$\cos 3x=4\cos^3 x-3\cos x$$

中置 $x=20°$,则 $\cos 3x=\cos 60°=\dfrac{1}{2}$,故上述等式变为 $y=\cos 20°$ 的三次方程

$$4y^3-3y-\frac{1}{2}=0$$

利用三角方程的求解知识,可以验明这一方程有一个正实根、两个负

实根,它们都必须用有理数的立方根表示出来,而无法表示为尺规作图准则中的数量形式.因此,即使是60°角的三等分问题也是不可能解决的.

从给定的初始线段出发,凡能由尺规作图得出的一切线段,统称为可作几何量.这些量构成一个类.几何三大难题要求作出的线段可称为待作几何量.在形数对应下它们所对应的解析量分别为 $\sqrt{\pi}$, $\sqrt[3]{2}$ 和 $\cos 20°$ 等.于是,以上所述尺规作图不可能性的推理过程也就可以表示如下(图2-15):

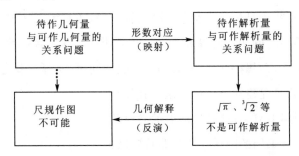

图 2-15

三大几何难题不可解性的证明在数学的历史发展中也具有十分重要的意义.首先,它结束了延续两千年之久的一件"公案",从而避免了后来者在这些问题上再去无谓地耗费时间和精力.其次,从方法论的角度看,这一研究表明了在数学中我们不仅应当寻求正面的、肯定性的解答(按照原来的要求去解决问题,如求得所要求的未知量等),也应考虑到可能的否定性解答(证明原来的问题是不可能得到解决的).当然,这一例子又从另一角度表明了 RMI 方法的应用的广泛性,即不仅可以在不同的层次上,而且也可以在不同的方向上去应用这一方法.

2.3 进一步的分析

依据上面的实例,可以对 RMI 方法作出进一步的分析.

(1)作为研究的出发点,我们必须对所要解决的问题作出明确(清楚、易懂)的表述.波利亚也曾立足于颇为一般的角度而对此进行过分析.他指出,所谓问题,那就意味着"要求找出适当的行动,以达到一个可见而又不是即时可及的目的";而所谓解一个问题,则就意味着"去找出这一适当的行动". 因此, 问题即"奋斗目标". 当然, 只有具有明确的目标, 我们的思维活动才会产生预期的结果. 从而, 也就如同波利亚所指出的: "不要只是笼统地去想你的问题, 而应该是面对它, 看清它, 特别是应该问自己: 你要寻求的是什么?"

具体地说, 为了弄清所要解决的问题, 首先就应了解它的各个组成部分, 即弄清"什么是其中的未知量? 什么是已知量? 什么是条件?"等等. 另外, 由前面的实例可以看出, 对于所面临的问题, 我们还应从更广泛的角度去进行分析, 也即应当弄清它的类型. 例如, "这里的主要目标究竟是为了求得某一个目标原象, 还是为了实现由复杂到简单、由难到易的转化?"等等. 显然, 对数计算法就是后一种类型的典型例子; 另外, 在解析几何中, 我们所解决的问题, 实际上就是"如何为各种曲线的研究建立统一的方法"的问题.

(2) 利用 RMI 方法解决问题的必要条件.

第一, 所采用的映射 φ 必须是可定映的.

就目标原象的确定而言, 对于"可定映映射"的概念可以作如下的进一步描述, 而首先需要说明"数学手续"的概念:

凡是由数值计算、代数计算、解析计算 (包括极限手续等)、逻辑演算以及数学论证等步骤作成的形式过程都称为数学手续.

进而就有: 对于给定的一个具有目标原象 x 的关系结构 S, 如果有这样一个可逆映射 φ, 它将 S 映成映象关系结构 S^*, 在 S^* 中通过某种形式的有限多步数学手续, 能把目标映象 $x^* = \varphi(x)$ 一意地确定下来, 那就称 φ 为可定映映射.

类似地, 就其他类型的问题而言, 所引进的映射就必须分别实现由复杂转化为简单、由困难转化为容易等目标. 为了统一起见, 在此可用"问题"去取代"对象"而重新建立可定映映射的概念如下:

对于给定的一个具有"目标问题"的关系结构 S, 如果有这样一个可逆映射 φ, 它将 S 映成映象关系结构 S^*, 在 S^* 中通过某种形式的有限多步数学手续, 能有效地 (或较为简单地、较为容易地) 解决相应的"映象问题", 那么就称 φ 为可定映映射.

还应指出的是, 这里所说的"解决"不仅包括肯定性的解决, 而且也包括否定性的解决.

第二,相应的逆映射(反演)φ^{-1},必须具有能行性.

就目标原象的确定而言,即使我们可以由目标映象 x^* 能行地去确定所要求的目标原象 x.

就以"问题"去取代"对象"的表述形式而言,则是指可以由"映象问题"的解 * 能行地去得出"目标问题"的解.

合此两点,RMI 方法就可重新表述如下:

对于含有某种目标原象(问题)的关系结构 S,先设法寻找一个可定映映射 φ,同时考虑到 φ 的逆映射具有合乎问题需要的能行性,于是通过"关系—映射—定映—反演"诸步骤便可把所要求的目标原象确定下来(或取得目标问题的解).

(3)应用 RMI 方法的关键显然在于引进合乎要求的映射.从数学的历史发展看,正如解析几何与对数计算法所已清楚地表明的,如果谁能对一些十分重要的关系结构 S,巧妙地引进非常有用且具有能行性反演 φ^{-1} 的可定映映射 φ,那么谁就能对数学作出较重要的贡献.另外,作为问题的另一方面,则又正是数学知识体系自身的发展(特别是它的现代发展)不断引进新的重要映射工具,也即为 RMI 方法原则更广泛、更有效的应用提供了必要的条件和新的可能性.对于数学方法与数学知识之间的这种相互促进、相互依赖的辩证关系,我们将可以从下一章的讨论中更清楚地觉察.

三 关系映射反演方法(二)

3.1 RMI 方法的组成及分类

根据上一章的讨论,可以初步看出 RMI 方法(关系映射反演方法)是一个普遍的方法原则,它能用来处理各种类型的数学问题.所以也可把它叫作 RMI 原则或一般 RMI 程序.为了说明这个原则或程序能在更广阔的领域里有着更深刻的应用,这里有必要对它的组成部分作进一步分析和讨论.

为简明计,我们用外文字母表示事物或概念对象(如结构、原象目标、定映手续等).如果对象是未知的,则在所用字母下画一横线.例如,$\underline{x}$,$\underline{x}^*$ 即表示未知对象,而 x,x^* 就分别表示已经求得的 $\underline{x}$ 与 $\underline{x}^*$,同理,$\underline{\varphi}$ 即表示尚未找到的某个映射或变换.

令 S 表示一个包含着未决问题的关系结构,$\underline{x}$ 为此结构中需要寻找的未知对象(目标对象),或某个要求解答的问题(目标问题).φ 是一个可定映映射,其逆映射为 φ^{-1},用 S^* 与 $\underline{x}^*$ 分别表示在 φ 映射下相应的 S 与 $\underline{x}$ 的映象,又令 ψ 表示定映手续.于是,一般的 RMI 方法就是按下述箭头所示步骤以确定目标原象(或目标问题之解)x 的方法(程序):

$$(S,\underline{x}) \xrightarrow{\ \varphi\ } (S^*,\underline{x}^*) \xrightarrow{\ \psi\ } x^* \xrightarrow{\ \varphi^{-1}\ } x$$

在如上的表示形式中,未知原象与映象之间的关系可记作 $\varphi(\underline{x})=\underline{x}^*$,$\varphi(S)=S^*$,这里 $\varphi(S)$ 表示整个结构 S 的映象,也就是 S 中的原象及关系所对应的映象及映象关系组成的"映象结构".

在以上的讨论中,S,S^*,φ,ψ,φ^{-1} 作为 RMI 程序的五个组成部分都是已知的(已经确定的).这样,就说 $(S,S^*;\varphi)$ 构成一个"可解结构系统".有时,虽然 φ 已经找到(或选定),但 ψ 与 φ^{-1} 尚未确定,这时就把 $(S,S^*;\varphi)$ 叫作"待解结构系统".

例如,上一章中所述各例都是属于可解结构系统的简单例子.又上一章最后部分说到了古代三大几何作图难题之一的"圆化方问题".那里曾指出借助于解析几何这一伟大的映射工具 φ(形数对应法则),在包含上述问题 $\underline{x}$ 的关系结构的映象结构 S^* 中需要确定"待作解析量 $\sqrt{\pi}$ 是否为可作解析量"的问题(相当于 $\underline{x}^*$).在 1882 年之前,即在林德曼尚未找到对 $\underline{x}^*$ 的定映方法 ψ 之前,显然上述的关系结构系统 $(S,S^*;\varphi)$ 便是待解结构系统.后来林德曼找到了证明方法(相当于 ψ)确定 $\sqrt{\pi}$ 为超越数(不可作解析量),于是上述系统才成为可解结构系统.

一般说来,从待解结构系统搞成可解结构系统的关键是找出定映手续 ψ.而 ψ 是否存在以及能否容易地找到它,又往往依赖于映射方法 φ 的选取.所以在 RMI 程序的五个组成部分中,除了 S 是原先给定的之外,其余四个部分都由选取的 φ 而定,因此 φ 成为 RMI 方法的核心.

关于五个组成部分,都存在如何分类的问题.这里不妨先作一简略说明,至于更具体而深入的讨论,将伴随举例来进行.

首先必须指出,现代各门应用数学中所广泛使用的"数学模型方法",在实际上就是 RMI 原则的灵活运用.粗略地说来,数学模型就是针对或参照某种事物系统的特征或数量间的依存关系,采用纯形式化的数学语言(数学概念、数学符号、数学公式乃至数学图表等)概括地表述出来的一种数学结构.这种结构应能逼真地或近似地反映(刻画)现实系统中的关系结构,并能利用基于这模型上的、由逻辑分析演绎而得出的结论,把它反演(翻译)回去解答现实原型(事物系统)中的实际问题.这种用模型方法处理问题的过程,事实上已经体现了关系—映射—反演的思想方法.因为从给定的系统(现实原型)到数学模型的某种对应关系,也即从具体对象到数学概念的抽象反映方式,即可理解为一种映射关系或映射方法.最后把分析模型得出的结果(逻辑结论)又对应到现实原型上去,从而给出实际问题的解答,这就是一个反演过程.

我们知道数学模型可分为四大类,即确定性数学模型、随机性数学模型、模糊性数学模型及混合型数学模型.参照模型的这种分类法,也就可以对关系结构 S 作出相应的分类.

第一类是确定性关系结构.在这种关系结构中,诸对象及其关系都是确定的或固定的.

第二类是随机性关系结构.在这种结构中诸对象的出现与否均具有随机性(或然性),诸对象间的关系也不是确定不变的.

第三类是模糊性关系结构.这种结构中的诸对象及其关系均具有模糊性.有时只能用实验统计方法去测定系统中诸对象成元的隶属度,从而才可能应用模糊子集理论及模糊逻辑去处理它.

第四类是混合型关系结构.这种关系结构系统中既有确定性对象,又有随机性或模糊性对象,从而它们之间的关系也可能兼有随机性或模糊性.

在本书中我们不准备涉及概率理论与模糊子集论,所以全书所讲述的例子都是属于确定性关系结构中的问题.

按通常集合论观点所说的映射方法 φ 是很容易分类的.事实上在现代初等代数中都介绍了"内射""满射""双射"等概念.

假设 φ 是把集合 $A=\{a\}$ 中的元素对应到另一集合 $B=\{b\}$ 中的元素的一个对应方法,则 φ 便叫作从 A 到 B 的一个映射,可记作 $\varphi:A\to B$.如果 φ 把 A 中的相异成元变为 B 中的相异成元,则 φ 就叫作"内射".又如果整个 B 都是 A 的映象,即 $\varphi(A)=B$,则 φ 便叫作"满射",特别地,如果 φ 既是内射又是满射,则 φ 就称为"双射",显然,就双射而言,φ 便作成 A 与 B 两者元素之间的一一对应关系,可记作 $a\leftrightarrow b$,实际上,第 2 章所举的各种例子,基本上都采用了双射作为映射方法.

但是,正如前面论及模型方法时已经说到的,作为数学方法论中的 RMI 原则,"映射"一词是被赋予更为广泛的含义的,"映射"除了包括一般数学上所说的对应(一一对应、多一对应、一多对应)与变换等意义之外,反映具体事物关系的抽象概念思维也是一种映射,即所谓"概念映射".仔细说来,这种映射有两个方向,从具体到抽象是顺向概念映射,从抽象返回具体是逆向映射.当然,一般数学模型的产生及其运用过程,就是利用了此种双向性的概念映射法.

定映手续 ψ 的内容含义,在上一章末就有所说明,简单地说,ψ 就是解出$\underline{x}^*$ 的数学手续,但除此之外,关于寻求 x^* 的近似方法或实验测定法,有时也可作为定映手段.当然这是关于 ψ 的广义理解.

反演方法 φ^{-1} 就是数学映射方法 φ 的逆映射或逆变换.又如果 φ 是一个概念映射法,则 φ^{-1} 便是把理论结果(逻辑分析结论)对应地解释为实际问题所需答案的翻译过程.

RMI 程序作为一个方法原则,还可从它的应用范围与应用层次上进行分类.对此问题,殷启正曾在他所写的"RMI 原则的产生、分类和应用"(载《曲阜师范大学学报》自然科学版,第 13 卷第 4 期 109-115 页)一文中作了讨论.该文扼要地指出,RMI 原则可以有四类用途:一是作为探求证明数学命题的一种重要思路;二是作为进行数学创造的一种方法原则;三是可用以解决涉及理论的整体性结构的数学问题;四是可用以论证数学上的某些不可能性命题.那篇文章中还提到了一些有趣例子,读者可以参考.

在本章中我们将举出多半属于高等数学范围的例子,从这些例子的求解过程中,读者将能进一步看到 RMI 方法应用的广度与深度,且能体会到 RMI 方法本身也还具有进一步发展的可能性.

3.2　应用概念映射法的例子

下面要讨论的例子都是熟知的,而且本质上是简单的.所以选取这些例子的目的就是为了要清晰地表明 RMI 原则的灵活用法.

【例 1】　这里要说的是著名的欧拉"七桥问题".这个出现在 18 世纪东普鲁士哥尼斯堡的古老问题,由于它本身引人入胜的趣味和启发性,使得它流传甚广,而且许多科普读物中都介绍了它.问题的情节是这样的:哥尼斯堡(苏联的加里宁格勒)有一条布勒尔河,它有两个支流,在城中心汇合成大河,中间是岛区.河上有七座桥,如图 3-1 所示:

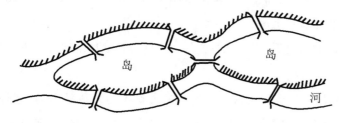

图 3-1

哥尼斯堡大学的学生们傍晚散步时,总想一次走过这七座桥(每座桥只准走一遍),可是试来试去总是办不到.于是写信请教了欧拉,欧拉回信解答了这个问题.这是发生在 1735 年间的真实故事.现在来看看欧拉是怎样解决这一问题的.

欧拉的方法就是概念映射法,即抽象分析法.令 S 表示七桥问题中桥与岛及陆地(连接地点)之间的关系结构,x 为一次能否走过七座桥的问题.欧拉采用这样的概念映射 φ,它把桥对应为几何线,把连接的地点对应为几何点.于是在 φ 映射下我们得到 $(S;\underline{x}) \xrightarrow{\varphi} (S^*;\underline{x}^*)$,这里的 S^* 便可表示为如下的点线图 3-2(当然,几何线的或长或短,或直或曲都是没有什么关系的):

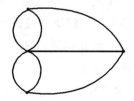

图 3-2

原来的问题 $\underline{x}$ 便对应为能否一笔画出上述平面图的问题 $\underline{x}^*$. 换言之,$\underline{x}^*$ 便是关于上述点线图的一笔画问题.解此问题需要采用简单的逻辑推理手续 ψ,也就是如下的推理过程:

凡一笔画中间出现的交点处,曲线一出一进总是通过偶数条,故均可称之为"偶点",只有作为起点和终点的两个点有可能成为"奇点"(通过的曲线为奇数条).所以,凡是多于两个奇点的平面图都是不可能一笔画出的.现今图形结构 S^* 中四个交点都是奇点,因此它是不可能一笔画出的.这就是说,问题的答案 x^* 是"一笔画不可能".由此对应地翻译回去(利用 φ^{-1}),便知道原来问题的答案 x 是:不可能不重复地一次通过这七座桥.

上面的讨论看来有点"学究气",但确实是欧拉解题思想方法的精确表述.

【例 2】 凡是利用数学模型方法去解决物理科学中的实际问题时,都是无例外地要应用概念映射法.读者可以从大学物理学教科书中找到大量的例子,这些例子中多半要用到微分方程及其有关的初值条件或边值条件,作为反映现实原型问题的数学模型(也即反映原型关系结构的映象结构).

这里我们举出"线性代数应用于化学方程式"的例子来阐明 RMI 原则的使用.下述有关内容取材于彭声羽的一篇文章(载《数学的实践与认识》1987 年第 4 期 1-6 页).

假设参与化学反应过程的分子为 HNO_3 和 Cu,生成物的化学分子式为 $Cu(NO_3)_2$,H_2O,NO.这样,由这些分子(成元)和它们在化学反应过程中的平衡关系

$$Z_1 HNO_3 + Z_2 Cu + Z_3 Cu(NO_3)_2 + Z_4 H_2O + Z_5 NO = 0$$

便构成了关系结构系统 S,其中 Z_1,Z_2 必须为正整数,Z_3,Z_4 和 Z_5 必须为负整数.我们的目标问题便是

$$\underline{x}: Z_1 = ? \quad Z_2 = ? \quad Z_3 = ? \quad Z_4 = ? \quad Z_5 = ?$$

这类问题应用线性代数工具是容易处理的.由于 S 中涉及的化学原子是 H,N,O,Cu,不妨就按这个顺序排列好,于是每个分子均可按原子数表现为四维向量.这就是我们所需要的映射

$$\varphi: HNO_3 \longrightarrow (1,1,3,0), Cu \longrightarrow (0,0,0,1)$$
$$Cu(NO_3)_2 \longrightarrow (0,2,6,1), H_2O \longrightarrow (2,0,1,0)$$
$$NO \longrightarrow (0,1,1,0)$$

下面我们就按照 $(S,\underline{x}) \xrightarrow{\varphi} (S^*, \underline{x}^*) \xrightarrow{\psi} x^* \xrightarrow{\varphi^{-1}} x$ 程序来求解问题.显然作为映象关系的 S^* 可表示为线性方程组,也可表示为矩阵形式

$$S^*: \begin{pmatrix} 1 & 0 & 0 & 2 & 0 \\ 1 & 0 & 2 & 0 & 1 \\ 3 & 0 & 6 & 1 & 1 \\ 0 & 1 & 1 & 0 & 0 \end{pmatrix} \begin{pmatrix} Z_1 \\ Z_2 \\ Z_3 \\ Z_4 \\ Z_5 \end{pmatrix} = \begin{pmatrix} 0 \\ 0 \\ 0 \\ 0 \\ 0 \end{pmatrix}$$

其中,Z_1,Z_2 为正整数,Z_3,Z_4,Z_5 为负整数,而未知的目标映象为 $\underline{x}^* = (Z_1, Z_2, Z_3, Z_4, Z_5)^T$.于是采用线性代数方法(也即定映手续 ψ),便不难求得

$$x^* = k \cdot (8, 3, -3, -4, -2)^T$$

其中,k 为任意参数.不管 k 取什么异于零的数值,化学平衡方程都是

等价的,因此取 $k=1$ 即可. 于是对应回去(相当于对 x^* 施加逆映射 φ^{-1})便求得所需要的 x: $Z_1=8$, $Z_2=3$, $Z_3=-3$, $Z_4=-4$, $Z_5=-2$.

上述的方法与过程还可作更一般性的讨论. 其内容细节可参考彭声羽的文章.

【例3】 近代和现代符号逻辑(又称数理逻辑)是研究推理过程的形式结构和典范规律的学科,它也是分析和论断实际问题的很好的概念映射工具. 这里我们要举例说明如何借助于 RMI 程序来使这种映射工具发挥作用.

在自然科学、社会科学乃至日常生活中,人们经常使用表述式语句. 这类语句里常常会出现"非""而且""或者""如果…则…"以及"如果而且只是如果"("当且仅当")等用词.

凡是具有真伪性(判断)的陈述式语句或命题就简称"陈述"或"命题". 符号逻辑的第一步就是使自然语言符号化.

假如我们用 P, Q 代表两个陈述或命题,那么采用缩写符号 $\neg$ (非)、$\wedge$(而且)、$\vee$(或者)、$\rightarrow$(如果…则…)、$\leftrightarrow$(当且仅当),就可将 P, Q 组成五个复合语句(复合命题),即

$\neg P$　表示"非 P"

$P \wedge Q$　表示"P 而且 Q"

$P \vee Q$　表示"P 或者 Q"

$P \rightarrow Q$　表示"如果 P,则 Q"

$P \leftrightarrow Q$　表示"P 当且仅当 Q"

需要注意的是,"$P \vee Q$"意即 P, Q 两者中至少有一者成立,当然也可以是两者都成立."$P \rightarrow Q$"意即表示有 P 就有 Q. 换言之,P 是 Q 的充分条件,而 Q 是 P 的必要条件(就是说,有 P 就非有 Q 不可). 再者,"$P \leftrightarrow Q$"意即表示"$P \rightarrow Q$ 而且 $Q \rightarrow P$". 所以也可记成"$(P \rightarrow Q) \wedge (Q \rightarrow P)$". 在这个复合陈述中,它表明了 P 与 Q 互相蕴涵的关系. 换言之,P 是 Q 的必要且充分条件,而 Q 也是 P 的必要且充分条件(简称充要条件).

我们用"T"(Truth)和"F"(Falsity)分别代表"真"和"假". 如果一个陈述(或命题)P 是真的,就说"P 取真值 T",又如果 Q 是假的,则说"Q 取 F 值".

我们把¬P叫作P的否定式，把$P \wedge Q$叫作合取式，$P \vee Q$叫作析取式，又$P \rightarrow Q$与$P \leftrightarrow Q$分别称为条件式与双边条件式.关于这些复合陈述形式的真假性，都取决于P,Q本身的真假性.有如下的五个真假值对应表（又称真值表），其对应法则显然是符合人类语言思维与科学理论思维的正常规则的：

P	$\neg P$
T	F
F	T

P	Q	$P \wedge Q$
T	T	T
T	F	F
F	T	F
F	F	F

P	Q	$P \vee Q$
T	T	T
T	F	T
F	T	T
F	F	F

P	Q	$P \rightarrow Q$
T	T	T
T	F	F
F	T	T
F	F	T

P	Q	$P \leftrightarrow Q$
T	T	T
T	F	F
F	T	F
F	F	T

注意，在上述的这些真值表中，除了条件式$P \rightarrow Q$的真值表之外，都是容易理解而无须多加说明的.至于$P \rightarrow Q$的真值表，参考文献[7]的绪论中有一个很好的说明，其意是说：因为数理逻辑是研究推理形式，特别是数学领域中之推理形式的学科.那么，试看下述数学命题：

（*）如果$x<1$，则$x<3$.

如所知，对于命题（*）而言，在数学推理中通常认为，无论x取什么实数值，命题（*）总是真的.于是先取$x=0$，则命题（*）为

(1)如果$0<1$，则$0<3$.

此时前件与后件都是真的，这可视为$P \rightarrow Q$真值表中第一行的直观背景.再取$x=2$，则命题（*）为

(2)如果$2<1$，则$2<3$.

此时前件假而后件真，故为有关真值表中第三行的实际背景.而当我们取$x=4$时，则命题（*）为

(3)如果$4<1$，则$4<3$.

此处之前件与后件就皆为假命题了，这就是有关真值表中第四行

的客观原型. 至于 $P \rightarrow Q$ 真值表中之第二行, 乃是十分自然而无须说明的. 以上所论, 表明条件式 $P \rightarrow Q$ 之真值表是合乎数学领域中之推理习惯的. 即有其实际背景而并非主观任意规定的.

总的来说, 自然语言是在人类社会实践活动中逐渐形成的, 所谓的数学语言, 乃是由自然语言和一批数学符号所构成的一种语言, 而形式语言则是为了描述某一科学理论而特别构造的语言. 如所知, 通常用自然语言或数学语言所描述的许多理论系统, 都是能用相应的形式语言去重新刻画的, 这就是所谓将某个系统加以形式化, 而一个理论系统经过形式化以后, 那么这套形式语言或符号语言就成为一种映射工具, 这种映射工具的特点就在于它的简明性、精确性和机械性. 正是这些特点使得数理逻辑能成为设计电子计算机, 并用来执行逻辑演绎思维的理论基础.

下面我们来考虑一个具体例子以说明上述映射工具和真值表的作用.

在进行某两个战役之前, 假设某个军事参谋长曾做出如下的论断:"假如投入战斗的骑兵与步兵中至少有一个兵种是很顽强的话, 那么当且仅当民兵部队配合得很好, 而炮兵阵地又不被严重地破坏的话, 敌军将被击溃."

后来, 一个战役的实际情况是: 步兵很顽强, 骑兵不够顽强, 民兵配合得很好, 而炮兵阵地遭受了严重破坏. 结果是敌军被击溃. 第二个战役的情况是: 步兵、骑兵都很顽强, 民兵配合得不够好, 炮兵阵地未遭受严重破坏, 结果是敌人未被击溃. 试分析一下军事参谋长对这两次战役来说, 他的论断是否正确.

可以按 RMI 方法来解决上述问题. 首先, 参谋长所作论断中的各个语句(陈述)和它们之间的关系, 以及后来所表现出来的实际情况, 可视为关系结构系统 S, 要判断参谋长对两次战役而言的论断是否有效的问题, 便是与 S 相联系的未决问题 $\underline{x} = (\underline{x}_1, \underline{x}_2)$, 而 $\underline{x}_1$ 与 $\underline{x}_2$ 便是两个相应的子问题.

引用映射 φ:"骑兵很顽强"表为 A,"步兵很顽强"表为 B,"民兵配合得很好"表为 C,"敌军被击溃"表为 D,"炮兵阵地受到严重破坏"表为 E.

于是原来的关系结构 S 被映成映象关系结构 S^*,在其中参谋长的论断被映成符号形式

$$A \vee B \to (D \leftrightarrow C \vee \neg E)$$

相应于第一个战役而言,A 取 F 值,B 取 T 值,C 取 T 值,D 取 T 值,E 也取 T 值;就第二个战役而言,A,B,C,D,$\neg E$ 分别取值 T,T,F,F,T.

再应用定映工具 ψ(真值表),可按照如下很像金字塔倒影的逐层演算方式,把相应的 $\underline{x_1^*}$,$\underline{x_2^*}$ 的真假值逐步确定下来(图 3-3):

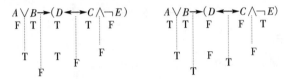

图 3-3

其结果即表明 x_1^* 的值为 F,而 x_2^* 的值为 T. 最后,按照真假值的含义翻译回去(相当于逆映射 φ^{-1})便得知 $\underline{x_1}$ 的答案是"无效的",而 $\underline{x_2}$ 的答案是"正确的". 这就是说,对第一个战役来说,参谋长的论断是无效的. 但对第二个战役来说,他的论断却是正确的.

数学史告诉人们,莱布尼茨在青年时代就曾经梦想过发明某种普遍算术(或代数),使之能够对人类使用的推理思维进行演算. 由以上所举之例可以看出,符号逻辑学的发明正好表明"莱布尼茨之梦"已经初步实现了.

3.3 应用发生函数作为映射工具的例子

发生函数又称生成函数或母函数. 利用这类函数作为映射工具可以解决许多问题. 下面先从简单的例子说起.

【例 1】 这里考虑古典代数中的一个组合论问题:设将一颗骰子连掷 10 次,问一共出现 30 点的不同方式有多少? 要解答这个问题,仍可根据 RMI 原则来思考. 首先必须弄清楚什么是上述问题的关系结构 S. 骰子掷一次出现的点数可以是 1,2,3,4,5,6. 连掷 10 次就出现 10 个数,每个数的取值范围便是从 1 到 6. 总点数便是 10 个数相加. 这就是结构系统 S. 所要解答的问题是 $\underline{x}$:总点数恰好等于 30 的方法数有多少?

我们需要找一个合适的映射 φ 使之引出来的映象系统$(S^*,\underline{x}^*)$便于计算. 欧拉与拉普拉斯早在 18 世纪就发展了这种映射工具,即由多项式或幂级数作成的发生函数. 例如,在本例中可引进下列多项式

$$t^1+t^2+t^3+t^4+t^5+t^6$$

其中六个项的指数,即枚举了点数 1,2,3,4,5,6. 在组合数学中,它被称为点数出现状况的枚举子.

如果将骰子连掷 10 次,则将枚举子连乘 10 次,即可见 10 次点数的一切出现方式都包含在下列乘积

$$(t^1+t^2+t^3+t^4+t^5+t^6)^{10}$$

的展开式中.

例如,展开式中的

$$t^3 \cdot t^2 \cdot t^4 \cdot t^6 \cdot t^1 \cdot t^2 \cdot t^3 \cdot t^5 \cdot t^3 \cdot t^1 = t^{30}$$

这一项就枚举了各次出现的点数依次为 3,2,4,6,1,2,3,5,3,1(一共是 30 点). 因此按照这种对应方式,即可知下述

$$(t^1+t^2+t^3+t^4+t^5+t^6)^{10}=\sum_{k=10}^{60}C_k \cdot t^k$$

等式中的系数 C_k,即代表 10 次所得点数之和等于 k 的一切方法数. $\sum_{k=10}^{60}C_k \cdot t^k$ 就叫作数列$\{C_k\}$ 的发生函数. 因此上述等式关系便是 S 所对应的映象系统 S^*,我们要考虑的问题$\underline{x}^*$ 便是:"$C_{30}=?$"

在这里,对于 $\underline{x}^*$ 的定映手续便是计算 C_{30} 的手续. 下面要用到二项式展开定理,一般的二项式系数记为

$$\binom{a}{k}=\frac{a(a-1)\cdots(a-k+1)}{k!}$$

这里的 a 可以是任意实数,特别 $\binom{0}{0}=1$.

注意 $\quad \sum_{k=10}^{60}C_k t^k = t^{10} \cdot (1-t^6)^{10} \cdot (1-t)^{-10}$

所以 C_{30} 即等于$(1-t^6)^{10} \cdot (1-t)^{-10}$ 展开式中 t^{20} 的系数. 于是

$$(1-t^6)^{10}=1-\binom{10}{1}t^6+\binom{10}{2}t^{12}-\binom{10}{3}t^{18}+\cdots$$

$$(1-t)^{-10}=1+\binom{10}{1}t+\binom{11}{2}t^2+\binom{12}{3}t^3+\cdots \quad (|t|<1)$$

故将两个展开式相乘,计算 t^{20} 的系数便得到

$$C_{30} = \binom{29}{20} - \binom{10}{1}\binom{23}{14} + \binom{10}{2}\binom{17}{8} - \binom{10}{3}\binom{11}{2}$$
$$= 2930455$$

最后,按照系数 C_{30} 的意义,便知道原来问题所要求的答数就是 2930455.

一般说来,发生函数方法的大意是:为了研究一个数列,例如 $\{a_n\}: a_0, a_1, a_2, \cdots, a_n, \cdots$ 的结构,我们利用一个形式幂级数

$$\sum_{n=0}^{\infty} a_n t^n = a_0 + a_1 t + a_2 t^2 + \cdots$$

和 $\{a_n\}$ 对应起来. 这样我们就把一个离散性的数列对象换成了一个便于处理的解析对象. 正因为关于幂级数的运算已有一套固定的方法,所以在上述的对应(映射)下,作为幂级数系数的数列 $\{a_n\}$ 的结构问题,也就便于通过级数运算去分析研究了. 读者或许要问:人们是怎样想到这个方法的? 回答是简单的,因为早在欧拉时代,甚至在较早的伯努利时代,人们即已熟知二项式定理中的系数 $\binom{n}{k}$ 的组合意义,也知道多项式相乘时产生系数的规则. 那时候他们已经懂得采用例 1 中的办法去计算数值 C_{30}. 由此进一步,也就自然会想到利用幂级数作为处理问题的一般工具了. 下面让我们来举几个较为著名的例子.

【例 2】　设 α 和 β 是两个任意实数. 试求出下列级数之和

$$C_n = \sum_{k=0}^{n} \binom{\alpha}{k}\binom{\beta}{n-k}$$

这里所谓"求和"的意思是要找出 C_n 的简明表达式,即不再含有求和运算的封闭形式.

为处理这个问题,可按 RMI 原则来思考.

第一步要明确原象间的关系. 简记 $a_n = \binom{\alpha}{n}$, $b_n = \binom{\beta}{n}$, 则所求对象 $\{C_n\}$ 就由如下的关系所确定:

$$C_n = \sum_{k=0}^{n} a_k \cdot b_{n-k} \quad (n=0,1,2,\cdots)$$

这就是由 (a_n)、(b_n)、(C_n) 构成的原象关系结构 S,而需要求解的问题 $\underline{x}$ 便是 $C_n = ?$

第二步,引用发生函数(幂级数变换)作为映射工具 φ:

$$\{a_n\} \rightarrow A(t) = \sum_{n=0}^{\infty} a_n t^n$$

$$\{b_n\} \rightarrow B(t) = \sum_{n=0}^{\infty} b_n t^n$$

$$\{C_n\} \rightarrow C(t) = \sum_{n=0}^{\infty} C_n t^n$$

第三步,应找出映象关系结构 S^*,由幂级数乘法规则和原象关系,容易求得

$$A(t) \cdot B(t) = \sum_{n=0}^{\infty} \Big(\sum_{k=0}^{n} a_k \cdot b_{n-k} \Big) t^n = \sum_{n=0}^{\infty} C_n t^n = C(t)$$

所以 S^* 的关系结构就是 $A(t) \cdot B(t) = C(t)$,而目标问题 $\underline{x}$ 的目标映象 $\underline{x}^*$ 是 $C(t)=?$

第四步,应用牛顿二项式定理,即可轻而易举地完成如下的定映手续(相当于 ψ):

$$C(t) = A(t) \cdot B(t) = \Big(\sum_{n=0}^{\infty} \binom{\alpha}{n} t^n \Big) \Big(\sum_{n=0}^{\infty} \binom{\beta}{n} t^n \Big)$$

$$= (1+t)^{\alpha} \cdot (1+t)^{\beta}$$

$$= (1+t)^{\alpha+\beta} \quad (|t| < 1)$$

最后一步就是作反演 φ^{-1}:寻求 $(1+t)^{\alpha+\beta}$ 的级数展开式的系数 C_n,显然立即可得 $C_n = \binom{\alpha+\beta}{n}$.

综上所述,我们便得到组合数学中著名的范德蒙卷积积定理:

$$\sum_{k=0}^{n} \binom{\alpha}{k} \binom{\beta}{n-k} = \binom{\alpha+\beta}{n}$$

学过组合数学的人都知道,特别当 α, β 是正整数并且 $\alpha+\beta \geqslant n$ 时,那么上述公式就有一个简单的组合解释. 因为这时二项展开式系数 $\binom{\alpha+\beta}{n}$ 就代表着从 $\alpha+\beta$ 个相异事物中任取 n 个的组合数,而在所有这些组合方法数中,自然包括从 α 个中任取 k 个,再从 β 中任取 $(n-k)$ 个的一切方法数(其中 $k = 0, 1, \cdots, n$),所以后者的总和应等于总数 $\binom{\alpha+\beta}{n}$.

【例3】 这里要谈的是著名的斐波那契数列的构造问题. 斐波那

契是 13 世纪意大利的著名数学家,在他写的一本题为《算盘书》(Lib-erabacci)的著作中,记载着这样一个有趣的问题:"由一对兔子开始,一年后可以繁殖成多少对兔子?"假设兔子的生殖力是这样的:每一对兔子每一个月可以生一对兔子,并且兔子在出生两个月后就具有生殖后代的能力.于是逐月登记兔子的对数,可得如下的数列(著名的斐波那契数列):

F_0	F_1	F_2	F_3	F_4	F_5	F_6	F_7	F_8	F_9	F_{10}	F_{11}	F_{12}	F_{13}
1	1	2	3	5	8	13	21	34	55	89	144	233	377

其中,$F_0=F_1=1$ 表示开始时的状况,$F_2=2$ 表示第 1 个月兔子的对数(其中包括新生的一对在内),而 $F_{13}=377$ 即表示第 12 个月的兔子对数是 377 对.

容易发现数列之间满足如下的递推关系

$$F_{n-1}+F_n=F_{n+1}, \quad n=1,2,3,\cdots$$

$F_0=F_1=1$ 就是数列的初始条件.于是 F_n 具有怎样的普遍表达式,便是一个需要解答的数学问题.

可以把上述递推关系连同初始条件视为关系结构 S,而整个数列 $\{F_n\}$ 便是原象.只要找出 F_n 的一般表达式,也就确定了 $\{F_n\}$ 的构造.为此,引用下列映射

$$\varphi:\{F_n\}\to F(t)=\sum_{n=0}^{\infty}F_n\cdot t^n$$

我们希望能确定映象 $F(t)$ 的初等函数表达式.

应用递推关系及初始条件容易得出

$$t^2F(t)+tF(t)=\sum_{n=0}^{\infty}F_n\cdot t^{n+2}+\sum_{n=0}^{\infty}F_n\cdot t^{n+1}$$
$$=\sum_{n=2}^{\infty}F_{n-2}t^n+\sum_{n=1}^{\infty}F_{n-1}\cdot t^n$$
$$=\sum_{n=2}^{\infty}(F_{n-2}+F_{n-1})t^n+t$$
$$=\sum_{n=2}^{\infty}F_n\cdot t^n+t=F(t)-1$$

由此即得映象函数

$$F(t)=\frac{1}{1-t-t^2}$$

最后,我们需要展开上述函数为幂级数,以便确定系数 F_n 的表达式(也即要对 $F(t)$ 施行逆变换 φ^{-1}). 为此,先将分式函数的分母 $1-t-t^2$ 分解成一次式:

$$1-t-t^2=(1-at)(1-bt)$$

由比较系数 $a+b=1$ 且 $a \cdot b=-1$ 可求得

$$a=\frac{1+\sqrt{5}}{2}, b=\frac{1-\sqrt{5}}{2}$$

从而可将 $F(t)$ 展开如下

$$F(t)=\frac{1}{(1-at)(1-bt)}$$

$$=\frac{1}{\sqrt{5}}\left(\frac{a}{1-at}-\frac{b}{1-bt}\right)$$

$$=\frac{1}{\sqrt{5}}\sum_{n=0}^{\infty}(a^{n+1}-b^{n+1})t^n$$

由此便得出

$$F_n=\frac{a^{n+1}-b^{n+1}}{\sqrt{5}}=\frac{1}{\sqrt{5}}\left[\left(\frac{1+\sqrt{5}}{2}\right)^{n+1}-\left(\frac{1-\sqrt{5}}{2}\right)^{n+1}\right]$$

这就是关于斐波那契数的变通表达式.

斐波那契数有许多有趣的性质和不少重要的应用. 例如,在优选法中关于在给定区间上寻找单峰函数极值点的办法,便称为斐波那契法. 可以证明,它是缩短寻查区间的最优方法. 例如,按照此方法用 n 个试点去缩短区间,则区间长度的第一次的缩短率为 $\frac{F_{n-1}}{F_n}$,其后各次分别为

$$\frac{F_{n-2}}{F_{n-1}}, \frac{F_{n-3}}{F_{n-2}}, \cdots, \frac{F_2}{F_1}$$

由上面已经证得的普遍表达式容易算出

$$\lim_{n\to\infty}\frac{F_{n-1}}{F_n}=\frac{\sqrt{5}-1}{2}\approx0.618$$

因此,为了简便起见,可用 0.618 的比率去缩短区间(事实上,0.618 乃是 n 充分大时 $\frac{F_{n-1}}{F_n}$ 的近似值). 这便是优选法中著名的 0.618 法.

为了纪念斐波那契的贡献,美国从 1963 年起创办了以他的名字命名的数学季刊(*Fibonacci Quarterly*),有关的各项专题研究至今仍在继续进行. 美国还有斐波那契数学协会出版有关著作.

上述例子中所出现的递推关系可以视为差分方程.既然幂级数变换(发生函数)可以用作映射工具去求解差分方程,这就启发了 19 世纪法国数学家拉普拉斯想到可以利用幂级数变换的连续模拟,即积分变换的办法去求解微分方程.这个想法果然是十分有效的,拉普拉斯引进的积分变换,就是现今科技界众所周知的拉氏变换.

所谓拉氏变换就是如下形式的一种映射

$$\varphi : f(t) \to F(s) = \int_0^\infty f(t) \mathrm{e}^{-st} \mathrm{d}t$$

其中定义在区间$(0,\infty)$上的函数 $f(t)$ 叫作原象函数,$F(s)$ 叫作映象函数,其映射关系可记作 $F = \varphi(f)$,反过来对 F 作逆变换 φ^{-1} 便得到 $\varphi^{-1}(F) = f$.

如果把幂级数 $\sum_{n=0}^\infty a_n x^n$ 和积分 $\int_0^\infty f(t) \mathrm{e}^{-st} \mathrm{d}t$ 在结构形式上作一比较,则可以看到两者之间有如下的类比对应关系

$$\sum_0^\infty \leftrightarrow \int_0^\infty, \quad a_n \leftrightarrow f(t), \quad n \leftrightarrow t, \quad x^n \leftrightarrow (\mathrm{e}^{-s})^t$$

在这里 n 为从 0 变向∞的间断变量,而 t 是从 0 变向∞的连续变量,$\sum_0^\infty$ 是对 n 流标作无穷求和,$\int_0^\infty$ 则是对 t 变元作无穷积分.正是由于想到这种类比关系使得拉普拉斯发明了拉氏积分变换,习惯上有时也把拉氏积分 $F = \varphi(f)$ 叫作 f 的发生函数或母函数.

从例 3 中可以看到差分方程在幂级数变换作成的映射下,映象函数$(F(s))$可以从一简单的代数方程中解出来,它表现为有理分式函数.用拉氏变换这个映射工具去求解常系数微分方程的初值问题时,也有类似的效果.就是说,在拉氏变换下,微分方程中的未知函数(原象函数)的映象(拉氏变换后的函数)往往正好满足某种代数方程式,因此只需解代数方程便可把映象函数确定下来.最后再通过逆变换即可求得原象函数,也即微分方程之解.其过程显然符合 RMI 程序,即如下述框图所示(图 3-4):

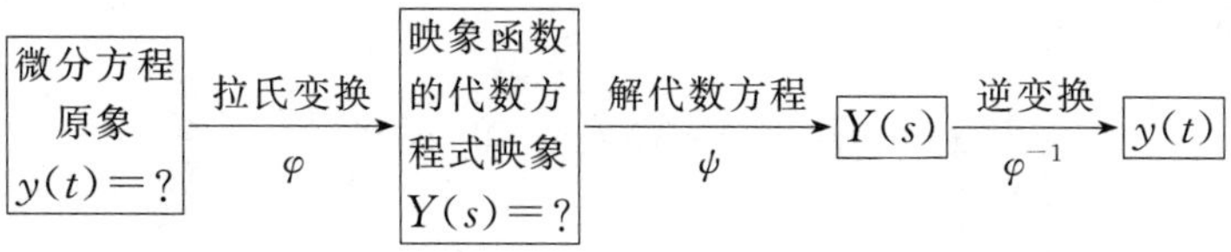

图 3-4

【例4】 求解含有初始值条件的单摆运动方程：

$$\begin{cases} y''(t)+\omega^2 y(t)=0 \\ y(0)=a, y'(0)=b \end{cases}$$

其中 a,b,ω 为常数,而 $\omega\neq0$.

显然,在本例中未知原象 $y(t)$ 及其所满足的微分方程连同初始值条件便组成原象关系,现在应用拉氏变换作映射,$y(t)$ 的映象便成为

$$Y(s)=\int_0^\infty e^{-st}y(t)dt$$

今对微分方程的两边同时做拉氏变换,注意 0 的拉氏变换仍为 0.利用初等微积分中的分部积分法(不妨假定拉氏积分中的参数 $s>0$),并顾及初始值条件,不难求得相应的映象关系为

$$s^2Y(s)+\omega^2Y(s)-as-b=0$$

由此解出映象函数

$$Y(s)=\frac{as}{s^2+\omega^2}+\frac{b}{s^2+\omega^2}$$

最后通过拉氏变换的逆变换(也可查拉氏变换表),即可求得

$$y(t)=\varphi^{-1}(Y(s))=\varphi^{-1}\left(\frac{as}{s^2+\omega^2}\right)+\varphi^{-1}\left(\frac{b}{s^2+\omega^2}\right)$$

$$=a\cos\omega t+\frac{b}{\omega}\sin\omega t$$

这便是单摆运动方程之解.

【例5】 求下列微分方程组

$$\begin{cases} y''-x''+x'-y=e^t-2 \\ 2y''-x''-2y'+x=-t \end{cases}$$

满足初始值条件 $y(0)=y'(0)=0,x(0)=x'(0)=0$ 的解.

仍采用上例所示 RMI 的程序,先对方程组中的每个方程的两边取拉氏变换,记 $\varphi(y(t))=Y(s),\varphi(x(t))=X(s)$,再考虑到初始值条件,则得

$$\begin{cases} s^2Y(s)-s^2X(s)+sX(s)-Y(s)=\frac{1}{s-1}-\frac{2}{s} \\ 2s^2Y(s)-s^2X(s)-2sY(s)+X(s)=-\frac{1}{s^2} \end{cases}$$

解这个代数方程组,可得

$$
\begin{cases}
Y(s) = \dfrac{1}{s(s-1)^2} \\
X(s) = \dfrac{2s-1}{s^2(s-1)^2}
\end{cases}
$$

最后一步,就是通过拉氏逆变换 φ^{-1} 去求出 $y(t)$ 与 $x(t)$. 由于上述分式函数可表为分项分式

$$
\frac{2s-1}{s^2(s-1)^2} = \frac{-1}{s^2} + \frac{1}{(s-1)^2}
$$

$$
\frac{1}{s(s-1)^2} = \frac{1}{s} - \frac{1}{s-1} + \frac{1}{(s-1)^2}
$$

这便是所求方程组的解.

本节中所举各例的求解方法可以推广到一般情形,即幂级数变换与拉氏变换可分别用作求解高阶常系数差分方程与微分方程的映射工具. 由于这种映射工具的有效性,使得差分方程与微分方程的初值问题所构成的关系结构系统都成为可解结构系统. 最后再补充指出,处理数学物理方程还有其他各种积分变换,它们也都起着映射工具的作用. 读者欲知其详,请查阅专书.

3.4 利用微分、积分作为映射方法的例子

微分(求导)运算与积分运算可用作映射方法解决分析数学中的许多问题. 因为求导与积分互为逆运算,所以它们在解决问题的 RMI 程序中彼此成为逆映射. 下面要举一些可按 RMI 程序处理的简单例子.

【例 1】 给定如下两个幂级数函数

$$
f(x) = x + \frac{x^3}{3} + \frac{x^5}{5} + \cdots
$$

$$
g(x) = \frac{x^2}{1 \cdot 2} - \frac{x^3}{2 \cdot 3} + \frac{x^4}{3 \cdot 4} - \cdots \quad (|x| < 1)
$$

试求出 $f(x)$ 与 $g(x)$ 的有限表达式(封闭表达式).

解法的基本思想就是选取合适的变换 φ,使得 φf 与 φg 都易于确定,即易于表示为初等函数. 然后再对已经决定的映象函数施以逆变换(反演) φ^{-1},从而求得 $\varphi^{-1}(\varphi f) = f, \varphi^{-1}(\varphi g) = g$.

鉴于上述幂级数的结构形式,可以看出采用微商算子 $D \equiv \dfrac{\mathrm{d}}{\mathrm{d}x}$ 就能获得较简单的映象. 这就是说,利用如下的映射

$$\varphi : f \to Df = f', \quad \varphi : g \to Dg = g'$$

即可获得易于定映的映象函数

$$f'(x) = 1 + x^2 + x^4 + \cdots = \frac{1}{1-x^2}$$

$$g'(x) = x - \frac{x^2}{2} + \frac{x^3}{3} - \cdots = \ln(1+x)$$

最后,再通过逆映射 $\varphi^{-1} := \displaystyle\int (\cdot)\mathrm{d}t$ 便得到

$$f(x) = f(0) + \int_0^x \frac{\mathrm{d}t}{1-t^2} = \frac{1}{2}\ln\frac{1+x}{1-x}$$

$$g(x) = g(0) + \int_0^x \ln(1+t)\mathrm{d}t$$

$$= (1+x)\ln(1+x) - x$$

【例 2】 求下列幂级数函数

$$f(x) = 1 \cdot 2 + 2 \cdot 3x + 3 \cdot 4x^2 + \cdots$$

的有限表达式,其中 $|x| < 1$.

此时采用积分算子作成的映射

$$\varphi : f(x) \to \int_0^x \int_0^y f(u)\mathrm{d}u\mathrm{d}v$$

可得映象函数

$$\int_0^x \int_0^y f(u)\mathrm{d}u\mathrm{d}v = x^2 + x^3 + x^4 + \cdots = \frac{x^2}{1-x}$$

施行反演手续

$$\varphi^{-1} : g(x) \to \frac{\mathrm{d}^2}{\mathrm{d}x^2} g(x)$$

则得

$$f(x) = \frac{\mathrm{d}^2}{\mathrm{d}x^2}\left(\frac{x^2}{1-x}\right) = \frac{2}{(1-x)^3} \quad (|x| < 1)$$

这便是所要寻找的原象的有限表达式.

数学分析中有一个著名的阿贝耳定理,意思是说,如果数值级数

$\displaystyle\sum_{n=0}^{\infty} a_n = s$ 是收敛的,且 s 为级数之和,则下列幂级数的极限也等于 s:

$$\lim_{x\to 1^-}\sum_{n=0}^{\infty}a_n x^n=s$$

这里的变量 x 是由小于 1 的那一侧趋向于 1,这个定理可以用作寻求数值级数和的有效工具.假设给定一个数值级数 $\sum_{n=0}^{\infty}a_n$,已知其收敛而不知其和.此时可作映射 $\varphi:\sum_{n=0}^{\infty}a_n \to \sum_{n=0}^{\infty}a_n x^n$.如果容易求得映象的有限表达式 $\sum_{n=0}^{\infty}a_n x^n = f(x)$,则借助于阿贝耳定理便可由逆映射 $\varphi^{-1}\lim_{x\to 1^-}f(x)=f(1)=\sum_{n=0}^{\infty}a_n$ 而求得级数之和为 $f(1)$.

通常,有限表达式 $f(x)$ 并不容易求得,此时,还需要借助类似于例 1、例 2 中所使用的 RMI 程序去确定 $f(x)$.这样,实际上就用到了二步 RMI 程序,或简称为 $(\text{RMI})^2$ 程序,这种求解程序即如图 3-5 所示.

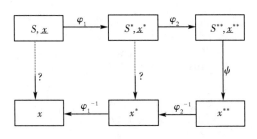

图 3-5

其中 φ_1,φ_2 分别称为第一、第二映射,$\varphi_1^{-1},\varphi_2^{-1}$ 为相应的逆映射(反演),而 ψ 为定映手续;又未知原象与映象间的关系可记作 $\varphi_1(\underline{x})=\underline{x}^*,\varphi_2(\underline{x}^*)=\underline{x}^{**}$.

【例 3】　求收敛级数 $1-\dfrac{1}{4}+\dfrac{1}{7}-\dfrac{1}{10}+\cdots$ 的总和,因为这是一个通项绝对值单调下降的正负交错级数,故其收敛性是没有问题的.但要找到它的总和之精确值,却需要一定的数学分析技巧.下面我们就用 $(\text{RMI})^2$ 程序来解决这个求和问题.

关键是要寻找两个合适的映射 φ_1 与 φ_2,参照例 1、例 2 中的解题经验,为求级数之和

$$S=1-\frac{1}{4}+\frac{1}{7}-\frac{1}{10}+\cdots$$

看来选择如下形式的映射是较为合适的

$$\varphi_1 : S \to f(x) = x - \frac{1}{4}x^4 + \frac{1}{7}x^7 - \frac{1}{10}x^{10} + \cdots \quad (|x| < 1)$$

因为这样一来,映象函数 $f(x)$ 的确定就较为容易了.

接下去,可以采用微分算子 $D \equiv \dfrac{\mathrm{d}}{\mathrm{d}x}$ 作为第一映射,即

$$\varphi_2 : f(x) \to f'(x) = 1 - x^3 + x^6 - x^9 + \cdots$$
$$= \frac{1}{1+x^3} \quad (|x| < 1)$$

这里,把 $f'(x)$ 定映为 $\dfrac{1}{1+x^3}$ 几乎是一目了然的.

最后,我们只需依次用 $\varphi_2^{-1} := D^{-1} \equiv \displaystyle\int$(积分算子)和 φ_1^{-1}(用阿贝耳定理)作反演,便可逐步求得 $f(x)$ 与级数和 S. 其细节即为如下所述:

$$f(x) = f(0) + \int_0^x \frac{\mathrm{d}t}{1+t^3}$$
$$= \frac{1}{3}\ln(1+x) - \frac{1}{6}\ln(1-x+x^2) +$$
$$\frac{1}{\sqrt{3}}\left\{ \arctan\left(\frac{2x-1}{\sqrt{3}}\right) + \arctan\frac{1}{\sqrt{3}} \right\}$$
$$S = \lim_{x \to 1^-} f(x) = f(1) = \frac{1}{3}\ln 2 + \frac{2}{\sqrt{3}}\arctan\frac{1}{\sqrt{3}}$$
$$= \frac{1}{3}\ln 2 + \frac{\pi}{3\sqrt{3}}$$

问题到此得解.

采用类似于上例的方法,读者还可证得如下之级数和

$$\frac{1}{2 \cdot 3} - \frac{2}{3 \cdot 4} + \frac{3}{4 \cdot 5} - \frac{4}{5 \cdot 6} + \cdots = 3\ln 2 - 2$$

事实上,在高等微积分学中,能用微分、积分运算作为映射方法去处理的问题是不胜枚举的. 广义地说,整个微分学与积分学都可被看作解决大量应用问题的伟大的映射工具.

3.5 关于 RMI 方法的补充例子

数学上有些属于纯粹存在性的命题,例如微分方程的解的存在性

定理以及具有某种性质的点列的存在性断言等,也往往可以利用RMI 程序来证明.

【例1】 这里我们要来证明康托尔的著名定理:"实数集合是不可数的."定理意思是说,用自然数编号,不可能把全体实数都排列成一个无穷序列,如 $x_1,x_2,x_3,\cdots,x_n,\cdots$. 换言之,这样的序列是不能把全体实数都排完的.

我们只需证明区间[0,1]内的一切实数点不可能排成一个点序列 $\{x_n\}:x_0,x_1,x_2\cdots,x_n,\cdots$. 显然,如果存在这种点序列,则它至少是在[0,1]内处处稠密的. 现在我们要证明:任何处处稠密于[0,1]的点列 $\{x_n\}$ 都是不能填满整个区间的,(也即(0,1)内总有某些实数不包含在数列 $\{x_n\}$ 之内). 为此,我们又只需证明 $\{x_n\}$ 内总存在某个子序列 $\{x_{n_k}\}:x_{n_1},x_{n_2},\cdots,x_{n_k},\cdots$,它的极限值含于(0,1)内,但却不在数列 $\{x_n\}$ 之中. 可是这样的子序列是否存在还不知道. 下面就根据 RMI 方法来推断这种"特殊子序列"的存在性.

不妨取 $x_0=0,x_1=1$,我们的目标就是要找出 $\{x_n\}$ 序列结构中的某个未知原象 $\{x_{n_k}\}$ 使得如下的极限值(实数)

$$\lim_{k\to\infty}x_{n_k}=\alpha$$

虽在(0,1)中,却不在 $\{x_n\}$ 中.

首先,对 $\{x_n\}$ 作一个所谓保序有理映射

$$\varphi:x_n\to y_n,0\leqslant y_n\leqslant 1$$

这是一个一一对应 $x_n\leftrightarrow y_n$. 所谓"保序"是指 $x_i<x_j$ 对应于 $y_i<y_j$. 所谓"有理"是指每个 y_n 均可表成形如 $\dfrac{m}{2^k}$ 的有理分数(相当于对区间[0,1]逐次施用二分法所得的中分点坐标值). 所以,这个映射的具体作法应该是这样的:首先取 y 坐标轴上的单位区间[0,1]作为映象点列 $\{y_n\}$ 的所在区间. 对应方式是规定 $x_0\leftrightarrow y_0=0,x_1\leftrightarrow y_1=1,x_2\leftrightarrow y_2=\dfrac{1}{2}$,如果 $x_0<x_3<x_2$,则 $x_3\leftrightarrow y_3=\dfrac{1}{4}$;如果 $x_2<x_3<x_1$,则 $x_3\leftrightarrow y_3=\dfrac{3}{4}$. 总之,每个 y_n 总是取相应子区间的中分点,而它和其他诸 y_j 的排序关系总是同 x_n 与其他诸 x_i 的排序关系是一致的. 注意 $\{x_n\}$ 在[0,1]内处处稠密,由此可以推断映象序列 $\{y_n\}$ 必将取遍形如 $\dfrac{m}{2^k}$ 的全

体有理数,其中 $m=1,2,\cdots,2^k-1;k=1,2,3,\cdots$.(这由反证法甚易验明,细节从略).

第二步,在映象结构 $\{y_n\}$ 中来确定特殊子序列,使其极限值含于 $(0,1)$ 内而不在 $\{y_n\}$ 内.显然,在 $(0,1)$ 内而不含于 $\{y_n\}$ 的实数是多不胜数的,例如 $y^*=\frac{1}{3}$ 就不在 $\{y_n\}$ 内.根据 $\{y_n\}$ 的稠密性可以找到单调上升的子序列 y_{m_k} 和单调下降的子序列 y_{n_k} 使得

$$\lim_{k\to\infty}y_{m_k}=y^*=\lim_{k\to\infty}y_{n_k}$$

其中 $y_{m_k}<y_{n_k},k=1,2,3,\cdots$.第三步,由逆映射(反演) φ^{-1} 我们有

$$x_{m_k}<x_{n_k}(k=1,2,3,\cdots)$$

$$\lim_{k\to\infty}x_{m_k}=x_1^*\leqslant x_2^*=\lim_{k\to\infty}x_{n_k}$$

容易验知 $x_1^*=x_2^*=x^*$.否则,将有 x_r 含于 (x_1^*,x_2^*) 内,从而由保序关系有 y_r 含于一切 (y_{m_k},y_{n_k}) 之内,这就导致 $y_r=y^*=\frac{1}{3}$,矛盾.进而还可断言 x^* 必不在 $\{x_n\}$ 内.否则将有

$$x^*=x_r\leftrightarrow y_r=y^*=\frac{1}{3}$$

又导致矛盾.因此 $\{x_{m_k}\}$ 与 $\{x_{n_k}\}$ 都是所需要的特殊子序列.它们的极限值 x^* 含于 $(0,1)$ 内而不在 $\{x_n\}$ 内.这就证明 $\{x_n\}$ 不能填满区间 $[0,1]$,故知实数集是不可数的.

学过分析数学的人都知道,利用对角线论证法可以很简短地证明康托尔定理.但是上面的证法看来更为自然,并且符合直观,因为它通过映象点列 $\{y_n\}$ 不能填满 $[0,1]$ 的事实直接导出了原象点列 $\{x_n\}$ 不能填满 $[0,1]$ 的结论.

【例2】 这里我们来讨论常微分方程的解的存在性定理.为了避免记号上不必要的复杂性,也是为了突出问题的本质,我们只考虑如下的简单情形

$$y'=f(x,y),y(0)=0$$

这里假定变量 x,y 的定义范围限制在矩形区域 $|x|<\alpha,|y|<\beta$,又设函数 $f(x,y)$ 在该区域上是连续的而且是有界的,即 $|f|<A$,我们还假定 f 满足如下的利普希茨条件(其中 L 为一常数):

$$|f(x,y_1)-f(x,y_2)|<L|y_1-y_2|$$

于是存在定理断言:上述微分方程初值问题必定存在一个唯一解 $y=y(x)$,它在区间 $|x|<\min(\alpha,\frac{\beta}{A})$ 内是连续可微的.

法国数学家皮卡证明这个定理的方法是很出名的,因为他最先引进了利用逐步逼近方法证明解的存在性的思想,而这一思想后来曾被人们广泛采用,并被推广到各种复杂场合.

皮卡的思想方法也符合 RMI 原则.首先他把微分方程初值问题等价地转化为如下形式的积分方程问题

$$y(x) = \int_0^x f(x,y(x))\mathrm{d}x$$

显然,这是把微分方程连同初值条件组成的关系结构 S 映射成积分方程所表现的关系结构 S^*,而微分方程中的未知原象 y 也就映射为 S^* 中的未知映象 y.(这是同一个 $y(x)$,但出现在不同的结构中).

读者只需对上述积分方程两端求导,即可获得原来的微分方程.至于初值条件 $y(0)=0$,则已隐含于积分关系中了.

对于关系结构 S^* 的定映手续 ψ,在实际上就是求解上述积分方程的手续.皮卡的重要贡献在于运用积分关系的迭代过程来作为定映方法.具体过程即如下所示:

$$y_0(x) = 0$$

$$y_n(x) = \int_0^x f(x,y_{n-1}(x))\mathrm{d}x \quad (n=1,2,3,\cdots)$$

利用 $|f|<A$ 的条件可以看出,当 $|x|<\min(\alpha,\frac{\beta}{A})$ 时有

$$|y_1(x)| \leqslant \int_0^x A\mathrm{d}x \leqslant \beta$$

$$|y_2(x)| \leqslant \int_0^x A\mathrm{d}x \leqslant \beta$$

一般来说,我们有 $|y_n(x)|\leqslant\beta(n=1,2,3,\cdots)$.

注意 $|y_1(x)-y_0(x)|=|y_1(x)|\leqslant A|x|$,且有

$$|y_n(x)-y_{n-1}(x)|$$

$$\leqslant \left|\int_0^x |f(x,y_{n-1}(x))-f(x,y_{n-2}(x))|\mathrm{d}x\right|$$

$$\leqslant \left|\int_0^x L|y_{n-1}(x)-y_{n-2}(x)|\mathrm{d}x\right|$$

故由归纳法易验证 $|y_n(x)-y_{n-1}(x)| \leqslant \dfrac{1}{n!} L^{n-1} \cdot A \cdot |x|^n$. 于是下述

函数级数

$$y_\infty(x)=y_1(x)+[y_2(x)-y_1(x)]+[y_3(x)-y_2(x)]+\cdots$$

同处处收敛的优级数

$$A\Big[|x|+L\frac{|x|^2}{2!}+L^2\frac{|x|^3}{3!}+L^3\frac{|x|^4}{4!}+\cdots\Big]$$

比较后,便得知它是绝对一致收敛的. 因此和函数 $y_\infty(x)$ 是连续的. 注意 $y_\infty(x)=\lim\limits_n y(x)$,又由

$$|f(x,y_\infty(x))-f(x,y_n(x))| \leqslant L|y_\infty(x)-y_n(x)|$$

可知序列 $\{f(x,y_n(x))\}$ 也是一致收敛的. 因此,在原来的积分关系式两端取极限,便得到

$$y_\infty(x)=\int_0^x f(x,y_\infty(x))\mathrm{d}x$$

这就表明 $y_\infty(x)$ 正好是积分方程的一个解. 又由于上式右端是可微的,故求导后便得知 $y_\infty(x)$ 也是微分方程的一个解.(至于验证解的唯一性,可以利用某种反证法,此处从略.)

上述例子说明,虽然映射手续 φ 是十分简单的,但定映方法 ψ 却很不容易. 事实上,在一般数学研究中经常会碰到"映射易、定映难"的情况. 如果遇到有多种映射法可供选择的时候,那么很自然地就应该选用那些最容易实现定映手续的映射方法.

【例3】 如果读者已经具备泛函分析的初步知识,略知距离空间、赋范线性空间以及集合的有界性、闭性、紧性等基本概念,那么阅读这里所讨论的例子就不会有什么困难. 这里要说明可以应用 RMI 原则来证明泛函分析中的下述熟知定理:"赋范线性空间中的每一个有限维的有界闭集是紧集."(例如,可参考 E. W. Cheney 著《逼近论导引》第 1 章 §3,中译本由徐献瑜、史应光等翻译,1981 年上海科技出版社出版.)

假定读者已经知道波尔察诺-魏尔斯特拉斯定理,即任何有限维空间中的每一个有界闭集(无限集)都是紧集. 就是说,这种空间中的每个点列都有收敛于空间中一点的子序列. 根据紧性概念可以立即证明:从一个距离空间到另一个距离空间的连续性映射必将紧集映射成

紧集.

现在来证明前面提到的熟知定理. 设 $F=\{f\}$ 是某赋范线性空间中的一个有限维的有界闭集, 即 $\|f\|\leqslant C$ 且存在线性无关元素的集合 $\{g_1,g_2,\cdots,g_n\}$ (基底组), 使得每个元素 $f\in F$ 都能唯一地表成

$$f=\sum_{i=1}^{n}\lambda_i g_i$$

于是给定的关系结构系统为

$$S: F=\{f\mid f=\sum_{1}^{n}\lambda_i g_i,\ \|f\|\leqslant C\}$$

问题是: F 与紧集类的隶属关系如何?

由对应关系 $f\leftrightarrow(\lambda_1,\lambda_2,\cdots,\lambda_n)\equiv\lambda$ (向量) 可规定映射如下:

$$\varphi: f\to\lambda,\quad \varphi^{-1}:\lambda\to f$$

也可记成 $\varphi(f)=\lambda,\varphi^{-1}(\lambda)=f$, 而 λ 的范数定义为 $\|\lambda\|=\max_i|\lambda_i|$. 于是在 φ 映射下可得映象系统

$$S^*: M=\{\lambda\mid\lambda=\varphi(f),f\in F\}=\{\lambda\mid\varphi^{-1}(\lambda)=f,f\in F\}$$

原来的问题转化为映象系统的问题: M 与紧集类的隶属关系如何?

可以看出, 映射 φ^{-1} 是连续的, 因为

$$\|\varphi^{-1}(\lambda)-\varphi^{-1}(\mu)\|=\|\sum_1^n\lambda_i g_i-\sum_1^n\mu_i g_i\|$$

$$=\|\sum_1^n(\lambda_i-\mu_i)g_i\|\leqslant\|\lambda-\mu\|\cdot\sum_1^n\|g_i\|\to 0$$

当 $\|\lambda-\mu\|\to 0$ 时. 因此, φ^{-1} 能把紧集映射成紧集.

我们需要的定映手续 ψ, 就是要验明有限维向量集 M 是一个有界闭集. (这样, 就可应用波尔察诺-魏尔斯特拉斯定理去推断 M 是一个紧集.)

若 $\lambda^{(k)}\in M$ 及 $\lambda^{(k)}\to\lambda(k\to\infty)$, 则由 φ^{-1} 的连续性及 F 的闭性可知

$$\lim_k\varphi^{-1}(\lambda^{(k)})=\varphi^{-1}(\lim_k\lambda^{(k)})=\varphi^{-1}(\lambda)\in F$$

从而得知 $\lambda\in M$. 故 M 也是闭集. 最后, 再验证 M 的有界性. 注意 n 维向量集合 $\{\lambda\mid\|\lambda\|=1\}$ 是紧集. 又因 φ^{-1} 是连续的, 故在此集合上, 由线性无关元 $g_1,g_2,\cdots,g_n$ 的线性组合所构成的 $\|f\|=\|\varphi^{-1}(\lambda)\|$, 必能达到正的下确界 $a>0$, 于是对任何 $\lambda\neq 0$ 可知

$$\parallel \varphi^{-1}(\lambda) \parallel = \parallel \varphi^{-1}\frac{\lambda}{\parallel \lambda \parallel}\parallel \cdot \parallel \lambda \parallel \geqslant a \cdot \parallel \lambda \parallel$$

因为 $\parallel \varphi^{-1}(\lambda) \parallel$ 在 F 上有界,故由上可知 $\parallel \lambda \parallel$ 在 M 上也有界.

综上所述,M 是一个有界闭集,从而是个紧集. 因此,最后通过反演 φ^{-1}(连续映射),便得知 F 是个紧集. 证明到此完成.

从这个例子也可看出,引用的映射是十分自然的,而论证的大部分功夫是花在定映手续上. 这里所说的定映手续就是指"确定 M 为紧集"的整个过程. 特别值得指出,本例所证定理有一个重要推论,即:"每个有限维赋范线性空间必是完备的. 换言之,它是巴拿赫空间."

证明很简单. 设 $\{f_n\}$ 是该空间中的任一柯西序列,则它必有界. 因为总可取定某指标 m,使得对一切 $n \geqslant m$ 都有 $\parallel f_n - f_m \parallel \leqslant 1$. 于是不等式 $\parallel f_n \parallel \leqslant \parallel f_n - f_m \parallel + \parallel f_m \parallel (n \geqslant m)$ 表明对一切 n 都有

$$\parallel f_n \parallel \leqslant 1 + \max(\parallel f_1 \parallel, \parallel f_2 \parallel, \cdots, \parallel f_m \parallel) = M$$

根据集合 $\{f | \parallel f \parallel \leqslant M\}$ 的紧性,可知序列 $\{f_n\}$ 必含有一个收敛的子序列 $f_{n_k} \to f^*$. 于是从不等式

$$\parallel f_n - f^* \parallel \leqslant \parallel f_n - f_{n_k} \parallel + \parallel f_{n_k} - f^* \parallel$$

及柯西序列之性质便得出 $f_n \to f^*$. 推论由此得证.

在现代泛函分析中讨论一些特定的函数空间时,经常把空间中的元素即函数(要是可能的话)表现为按基底展开形式中的系数向量,也即相当于把函数(看成空间的"点")映射成按基底张成的空间中的坐标向量. 这是一个重要的思想方法,在讨论希尔伯特空间理论和广义傅里叶分析时,就更加常用此种方法了.

3.6 关于 RMI 方法的某种特殊化模式

我们已经讲过用发生函数作为映射工具去求解微分方程与差分方程(递推关系)的例子. 在微分方程与差分方程中,微分运算(求导手续)和差分运算可以相继进行. 发生函数工具的作用,就在于能使关系结构 S 中之未知原象及其经过有限次运算后的原象,能够一概表现为仅由一个未知原象的映象所显示出来的映象结构 S^*. 这样,在 S^* 上就把定映目标单纯化了. 读者只要仔细观察幂级数变换与拉氏积分变换的作用,即可了解这一事实.

将上述具体方法过程中所显示出来的特点抽象出来,就可表述为

一种特殊化的 RMI 程序模式.(固然相对 RMI 原则而言,它是特殊化的,但它又是一般发生函数方法的抽象和概括.)

假设给定某种关系结构 $S(\underline{x}, A\underline{x}, A^2\underline{x}, \cdots, A^r\underline{x}; B)$,其中 $\underline{x}$ 为未知原象,A 为施加在 $\underline{x}$ 上的一种运算,A^r 表示运算 A 相继运用 r 次. 又 B 表示关系结构中出现的已知元素或元素集合以及联结着 $\underline{x}$ 的已知关系. 又设 φ 为某种可定映的可逆映射,使得

$$\varphi: S(\underline{x}, A\underline{x}, \cdots, A^r\underline{x}; B) \rightarrow S^*(\underline{x}^*, (A\underline{x})^*, \cdots, (A^r\underline{x})^*; B^*)$$

我们还假定 φ 具有"归一性"(Unitizability),即存在系数因子(可能含有一些参数的数值因子)α_j,使得在 φ 映射下可得相应的映象 $\varphi(\underline{x}) = \underline{x}^*$ 和

$$\varphi(A^j\underline{x}) \equiv (A^j\underline{x})^* = \alpha_j\underline{x}^* \quad (j=1, 2, \cdots, r)$$

既设 φ 为可定映映射,故存在定映手续 ψ 使得映象 $\underline{x}^*$ 能从映象关系结构

$$S^*(\underline{x}^*, \alpha_1\underline{x}^*, \cdots, \alpha_r\underline{x}^*; B^*)$$

中确定出来,从而得到 $\underline{x}^*$. 但 $\underline{x}^* = \varphi(x)$,故最后通过逆映射(反演)便可求得 $x = \varphi^{-1}(x^*)$.

显然,利用拉氏变换求解常微分方程初值问题的过程就符合上述模式. 值得注意,映射具有"归一性"是它能用来解决问题的关键. 历史上拉普拉斯最先构造出具有归一性功能的积分变换(拉氏变换),理应看作一项重要贡献.

在上一节所讲述的微分方程解的存在性定理证明的例子中,我们曾说到皮卡的迭代法是一种重要的定映手续. 当然,也可把那里所说到的各个关键性步骤,抽象地表述为一种较特殊的 RMI 程序模式. 大意如下:

假设给定某个关系结构 $S(\underline{x}; B)$,φ 是一个可定映、可逆映射而使得 $S(\underline{x}; B) \rightarrow S^*(\underline{x}^*; B^*)$. 假定关系结构 S^* 能够等价地转化为一个"不动点格式",即 $S^*(\underline{x}^*; B) \Leftrightarrow \underline{x}^* = R(\underline{x}^*; B^*)$,这里的 R 代表某个关系. 这样,就可能采用某种合适的迭代法作为定映手续 ψ. 即选取恰当的初始元 x_0^*,由它开始形成迭代序列

$$x_{j+1}^* = R(x_j^*; B^*) \quad (j=0, 1, 2, \cdots)$$

在 R 满足一定的条件时,就有可能通过极限过程去求得所需要的

映象

$$x^* = \lim_{j \to \infty} x_j^*$$

最后再通过反演去确定 $x = \varphi^{-1}(x^*)$.

当然,在按照上述程序模式去解决具体问题时,程序中所说到的每一步,通常都是必须经过精心分析后才能确定下来的. 一般说来,要很好地应用这一程序模式的基本关键,仍然决定于映射方法的选取;因为只有选取了合适的映射方法,才能保证产生合用的不动点格式,而它是迭代方法的基础.

四 关于 RMI 原则的一般讨论

4.1 对一般 RMI 原则的几点说明

我们在第三章中有时把关系映射反演方法称为 RMI 程序或原则. 这些名称的含义实际上大同小异. 因为有时我们注意 RMI 过程的技术性和程序性, 所以就把它叫作方法或程序. 又有时偏重于强调它在数学方法论中的一般性指导意义, 则又称之为原则或原理.

现在我们要针对一般意义的 RMI 原则作出如下几点补充说明.

(1)数学中的 RMI 原则实际可以理解为一般科学方法论中的"矛盾转移法". 所谓"矛盾转移法"就是把难以解决的矛盾或难题设法转化为易于解决的矛盾或问题. 按照 RMI 原则, 在 φ 映射下让系统 S 变为 S^*, 使得寻找目标原象 $\underline{x}$ 的困难问题转化为寻找其映象 $\underline{x}^*$ 的较易问题. 这正好就是把原先要解决的矛盾转化为另一较易处理的矛盾, 而映射 φ 就是实现矛盾转化的手段.

(2)我们曾经举过例子, 说明有时需要采用 $(RMI)^2$ 程序(二步 RMI 程序)才能解决问题. 事实上, 在处理大型的较复杂的数学问题时, 人们还可能需要借助于多步 RMI 程序, 如 $(RMI)^n (2 \leqslant n < \omega)$, 才能彻底解决问题. 这样, 就可以把步数 n 定义为问题的"复杂度". 于是, 回到第 3 章的 3.4 节, 可见例 3 中的求和问题的复杂度是 2, 而例 1、例 2 中诸幂级数求和问题的复杂度均为 1. 如果读者运用 RMI 程序去寻求下列级数和

$$\frac{1}{2 \cdot 3} - \frac{2}{3 \cdot 4} + \frac{3}{4 \cdot 5} - \frac{4}{5 \cdot 6} + \cdots$$

则不难发现问题的复杂度也是 2.

(3)应该指出,当人们运用"概念映射法"去解决一些大型实际问题的过程,往往要比我们通常所举的数学例子复杂困难得多.例如,连结着实际问题 x 的某个事物系统 S,可能不是一个固定不变的关系结构,而是一个不断发展着的需要继续补充条件的动态关系结构,而且只有增补某些条件后才能把 x 结论确定下来.这时,S 可以看成是处于初始状态的关系结构,S^* 是这种结构的映象,但由于 S^* 的结构还不够充分,以致不足以确定 x 的映象 x^*(或预期中的 x 的映象),这时为了确定 x^*,需要在 S^* 上补充一组条件 C^*.相应地,也就需要在 S 上追补一组条件 C.这样,用以解决某些实际问题的 RMI 原则的运用过程就可以用如下的框图来表示(图 4-1):

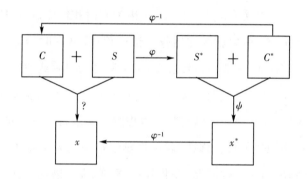

图 4-1

事实上,在从事数学研究工作时,特别是企图解决实际任务中提出的应用课题时,人们惯常会发现原来给定的关系结构系统中的关系内容不够丰富(条件不够充分),以致找不到定映方法去确定 x.因此在分析研究过程中需要设想 ψ 和 x^* 已经存在,接着运用逆推法去求出一组条件 C^*,再相应地把条件 C 追补到 S 上,然后保证可以由 x^* 反演成 x.

当然,条件组 C^* 的不同引入方法,将导致不同的定映手续 ψ 及映象 x^*,从而可以有不同的相应原象 x.但是如果已经有了某种预期的目标原象 x,则在选定映射 ψ 后,C^* 与 ψ 及 x^* 也就基本上确定了.

上述思想方法原则可叫作"动态的 RMI 原则".在我的《数学方法论选讲》第三讲§1中,已经举过例子,说明上述原则甚至在欧洲历史上著名的 Austeritz 战役中,就曾被当年法军统帅拿破仑巧妙地运用过.至于从事数学科学研究工作的人们,则更是经常自觉或不自觉地应用着这个原则的.

(4)按最一般的意义说,概念映射法不只是数学家和一般科学家常用的映射工具,而且也是哲学家经常采用的方法.例如,哲学家总是用他们建立的理论体系去解释世界并希望用以改造世界.按照唯物主义的反映论观点,哲学理论应该是高度概括地反映物质世界中的一般运动形态和事物间的普遍联系的.所以物质世界代表着"原象系统",哲学理论就代表着"映象系统".由原象系统去建成映象系统的过程就是顺向的概念映射过程;反过来,使用逻辑分析的推理手段(相当于定映手续),将映象系统中所得到的结论返回到原象系统中去说明问题时,这就成为逆向的概念映射过程.由此看来,哲学家的思想方法也是符合 RMI 原则的.

人脑可以看成是执行着"双向性概念映射职能"的"概念反映器".当然这是世界上最复杂、最富有主观能动性的反映器.从反映器之具有双向性映射职能的这一点特点看,在数学上也有简单的类似物.例如由对数映射所产生的"对数表",既能用来查知对数值,又能反过来查知真数值(反对数).再如"拉普拉斯变换表",它既具有计算拉氏变换的功能,又具有反查拉氏反变换的功能.显然它们都可以看成为数学上的"双向性反映器".

(5)必须指出,我们惯用的概念映射法是离不开抽象思维过程的.而在数学科学领域内的抽象过程是有"弱抽象"与"强抽象"之分.前者是从特殊到一般的抽象过程——也就是把一类具体事物或事物关系中的共性加以抽象概括的过程;后者是通过引入新特征而强化原结构的手续所完成的抽象过程.(详细讨论请参考《数学方法论十二讲》2007 年版附录)这里要说明的是,无论是哪一种多少受到观点制约的抽象过程,都像一个"筛子"那样,它是对背景事物(关系结构及其特征等)具有筛选作用的;表现在概念思维上,也就是纯粹主观思维的"过滤作用".这就是为什么针对同样的事物系统能产生多种不同的数学模型的原因.仿此类比,也就不难理解为什么会出现多种不同的哲学理论去解释世界了.

既然我们已经意识到以抽象思维为基础的概念映射工具有筛选作用,那么,在运用 RMI 原则去解决大型的或者相当复杂的数学问题

（或应用课题）时，首先就必须对原象系统进行种种分解，直至摸清系统关系结构中的主要成分与关键部分，特别不可忽视与问题相联结的关系部分，然后选择好相应的概念映射法，使原来的复杂系统转换成易于处理的系统.

（6）最后，我们还要指出，在应用 RMI 原则去解决各种或大或小的问题时，或者去处理一类问题时，对于映射法的选择，最好使之符合三条标准：①在将原象系统转换成映象系统时，要能显示出化繁为简，化难为易或化生为熟的作用.②要能导致定映手续和反演过程的存在性及能行性.③映射法本身的构造要尽可能符合美学准则，即既是自然的和简单的，而且形式又是比较优美的.

一般说来，要找到同时符合上述三条标准的映射法是不容易的.但是，如果针对一大类重要问题，果真能找到一个统一的、普遍的映射法，并且满足上述准则，那将是对数学的重要贡献.如果把解析几何、微分学和积分学等学科也看成是伟大的映射工具，其意义之重大就不用说了.除此之外，像古典数学中的纳皮尔对数法与拉氏变换法也可说是体现 RMI 原则的最光辉的例子了.

在对映射法作广义理解的情形下，我们将在下一节中再介绍几个著名的例子，借以表明 RMI 原则在应用上的广泛性和灵活性.

4.2 运用一般 RMI 原则的著名例子

在本节中，我们要举这样三个例子，一是关于图的邻接矩阵表示法，二是弗雷特霍姆积分方程解法公式的发现法，三是庞加莱关于非欧几何模型的构思法.我们将着重思想方法的说明，故有关证明的技术性细节将一带而过，不作详论.事实上，读者只要掌握好基本思路后，再去查阅专书，搞通细节也是不困难的.

【例 1】 这里来讨论图论中最常用的矩阵方法之一，即关于图的邻接矩阵表示法.先说一下图的有关概念.所谓平面上的一个点线图 G（简称"图"），就是一个有序二元组 (V,E)，记作 $G=(V,E)$，其中 V 是顶点集合，E 是边的集合，而每条边都是一对顶点（结点）连成的.

如果 G 的顶点集合为 $V=\{v_1,v_2,\cdots,v_n\}$，诸 v_i 代表点，n 是顶点个数；又设由某些点联成的边有 m 条，则 G 便叫作 (n,m) 图.又如果图中各边没有规定走向,则称 G 为无向图.否则就叫作有向图.在有向图中,可用序偶 (v_i, v_j) 表示由 v_i 点引向 v_j 点的有向边,当然 $(v_i, v_j) \neq (v_j, v_i)(i \neq j)$.对于无向图来说,边由二元组 $\{v_i, v_j\}$ 决定,此时 $\{v_i, v_j\} = \{v_j, v_i\}$.

"简单图"的概念十分重要.如果在一个无向图(或有向图)G 中,任何两个顶点间都不能多于一条边(或不能有多于一条的同向边,即平行边),则图 G 便称为简单图,人们有兴趣研究图中由各点连接而成的"路"的长度和条数问题.

很自然,应该把一组依次连接的边

$$(v_i, v_{i_1}), (v_{i_1}, v_{i_2}), \cdots, (v_{i_{k-1}}, v_j)$$

称之为"路",其中 v_i 为起点,v_j 为终点,如果一条边的长度规定为 1,则如上所说的路就具有长度 k.特别地,当 $v_i = v_j$(起点和终点相合)时,就称该路为"回路".(以上的定义对有向图或无向图都是一样的.)

现在我们来考虑这样一个问题:对于任意给定的一个图 G(图中的顶点与边的数目也可能很大),问是否存在一个在计算机上便于使用的、统一的和一般的算法,能使得图中各点之间所具有的各种长度的路的条数都被一起算出来?显然,如果依靠图解法来分析,则当点数与边数较大时,就将是很不实际的.

设 $G = (V, E)$ 是 (n, m) 图,$V = \{v_1, v_2, \cdots, v_n\}$.既然顶点是有序号的,而边是由点偶 (v_i, v_j) 或 $\{v_i, v_j\}$ 来确定的,这就使人们想到可以采用 $(0, 1)$-矩阵来表现图中的边与结点间的关系结构.详细说来,我们可以采用这样一个映射

$$\varphi : G = (V, E) \to \mathbf{A} = (a_{ij})$$

这里的 $\mathbf{A}$ 是 $n \times n$ 矩阵,a_{ij} 只取 1 和 0 两个数值,即

$$a_{ij} = \begin{cases} 1 & \text{如果 } E \text{ 中有边 } (v_i, v_j) \text{ 或 } \{v_i, v_j\} \\ 0 & \text{否则} \end{cases}$$

这样一来,可见如上引进的所谓邻接矩阵 (a_{ij}) 便完全刻画了 G 的内部结构.

不妨就来求解这样一个具体问题:对于任意指定的起点与终点 v_i 和 v_j,问具有长度为 k 的路有多少?记此问题为 $a_{ij}^{(k)} = ?$ 于是 G 和此问题构成原象系统 S,在 φ 映射下所得的映象系统便是 $S^* =$

$(\boldsymbol{A}, a_{ij}^{(k)} = ?)$.（因为 φ 只是按一一对应法则把 G 换成另一表示法，问题并未改变形式，所以"$a_{ij}^{(k)} = ?$"也就是 S 中的原来问题.）

接下来，我们需要寻找一个定映方法 ψ，使得 $a_{ij}^{(k)}$ 能够从 S^* 中算出来. 很凑巧，所求答案 $a_{ij}^{(k)}$ 正好就是矩阵 k 次乘幂 $\boldsymbol{A}^k$ 中的 (i,j) 项元素，也即

$$\boldsymbol{A}^k = (a_{ij}^{(k)})$$

这就是说，只需将矩阵 $\boldsymbol{A}$ 作 k 次乘幂运算，即可求得所有 $a_{ij}^{(k)}$（$i,j=1, 2,\cdots,n$）. 这里可以证明下述命题："矩阵 $\boldsymbol{A}^k$（$k=1,2,3,\cdots$）的 (i,j) 项元素 $a_{ij}^{(k)}$ 正好就是连接 v_i 到 v_j 的长度为 k 的路的总数."

证明不难，只需对 k 进行归纳法论证. 首先，当 $k=1$ 时 $\boldsymbol{A}^1 = \boldsymbol{A}$. 由 $\boldsymbol{A}$ 的定义可知命题结论为真，这是因为 a_{ij} 之值即表示连接 v_i 与 v_j 的长度为 1 的路的数目. 往下，令 $a_{ij}^{(k)}$ 表示 $\boldsymbol{A}^k$ 的 (i,j) 项，并假设命题结论对 $k=s$ 是成立的. 由于

$$\boldsymbol{A}^{s+1} = \boldsymbol{A} \cdot \boldsymbol{A}^s, \ \text{即} \ a_{ij}^{(s+1)} = \sum_{k=1}^{n} a_{ik} \cdot a_{kj}^{(s)}$$

可知上式右端和式中的项 $a_{ik} \cdot a_{kj}^{(s)}$ 即表示由 v_i 经过一条边到 v_k，再由 v_k 经过一条长度为 s 的路到 v_j 的总长为 $s+1$ 的路的数目. 因此对所有 k 求和，所得总和 $a_{ij}^{(s+1)}$ 便是所有从 v_i 到 v_j 的长度为 $s+1$ 的路的数目. 这就验明命题结论对 $k=s+1$ 也成立. 故由归纳法便知命题对一切 k 都成立.

注意，在这个例子中目标原象与目标映象是一致的，故 $a_{ij}^{(k)}$ 就是原问题之解.

如果给定一个 (n,m) 无向图 $G=(V,E)$，假设问题的提法是："试求各顶点间具有各种长度的路的数？"，那么原象系统便可表示为

$$S=(G, a_{ij}^{(k)}=? \ i,j,k=1,2,3,\cdots,n)$$

相应的映象系统便是

$$S^*=(\boldsymbol{A}, a_{ij}^{(k)}=? \ i,j,k=1,2,3,\cdots,n)$$

其中 $\boldsymbol{A}=(a_{ij})$ 为 G 的邻接矩阵. 注意，我们还考虑到图中的回路，所以路的最大长度可以为 n.

作为定映手续 ψ，就是要去算出矩阵 $\boldsymbol{A}^2,\boldsymbol{A}^3,\cdots,\boldsymbol{A}^n$，由此便可定出全体 $a_{ij}^{(k)}$ 的数值. 显然，以上涉及的全部数值计算都可借助于计算机

去完成,尤其是当 n 较大时.

下面我们举一个 $(5,6)$ 有向图为例,如图 4-2 所示.

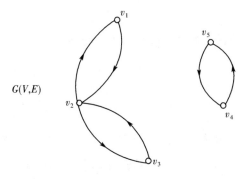

$G(V,E)$

图 4-2

在上述图 G 中,$n=5$ 是较小的,故有关矩阵计算均不难靠笔算去完成.事实上,G 的邻接矩阵 A 和它的乘幂不难算出如下:

$$A=\begin{pmatrix} 0 & 1 & 0 & 0 & 0 \\ 1 & 0 & 1 & 0 & 0 \\ 0 & 1 & 0 & 0 & 0 \\ 0 & 0 & 0 & 0 & 1 \\ 0 & 0 & 0 & 1 & 0 \end{pmatrix}, \quad A^2=\begin{pmatrix} 1 & 0 & 1 & 0 & 0 \\ 0 & 2 & 0 & 0 & 0 \\ 1 & 0 & 1 & 0 & 0 \\ 0 & 0 & 0 & 1 & 0 \\ 0 & 0 & 0 & 0 & 1 \end{pmatrix}$$

$$A^3=\begin{pmatrix} 0 & 2 & 0 & 0 & 0 \\ 2 & 0 & 2 & 0 & 0 \\ 0 & 2 & 0 & 0 & 0 \\ 0 & 0 & 0 & 0 & 1 \\ 0 & 0 & 0 & 1 & 0 \end{pmatrix}, \quad A^4=\begin{pmatrix} 2 & 0 & 2 & 0 & 0 \\ 0 & 4 & 0 & 0 & 0 \\ 2 & 0 & 2 & 0 & 0 \\ 0 & 0 & 0 & 1 & 0 \\ 0 & 0 & 0 & 0 & 1 \end{pmatrix}$$

从上述矩阵中可立即得出一些结论,例如着眼于 A^3,可见 v_1,v_2 间,v_2,v_3 间都有长度为 3 的 2 条路;v_4,v_5 间只有 1 条长度为 3 的路. 又如果着眼于 A^4,则可见 v_2 到它自身有 4 条长度为 4 的回路,v_3 到 v_3 只有 2 条长度为 4 的回路,又 v_3 到 v_1 有 2 条长度为 4 的路.

除了以上讨论的邻接矩阵外,一个图的边与顶点、边与回路、边与割集等关系结构,也都可以相应地表现为关联矩阵、回路矩阵和割集矩阵等. 总之,把图的各种内部关系结构映射成相应的矩阵,不仅便于在计算机上储存信息,而且也有利于通过代数计算去解决问题. 关于矩阵工具在现代图论中的广泛应用,都是直接或间接符合 RMI 原则的.读者欲知其详,可参考王朝瑞编的《图论》(1981 年高等教育出版社出版),或左孝凌等编著的《离散数学》第四篇(1982 年上海科技出版社出版).

【例 2】 一类普遍形式的线性积分方程叫作弗雷特霍姆第二类方程,即

$$\phi(x) - \lambda \int_a^b K(x,y)\phi(y)\mathrm{d}y = f(x)$$

其中 $\phi(x)$ 为未知函数,λ 为任一参数,自由项 $f(x)$ 与积分核 $K(x,y)$ 分别是定义在区间 $[a,b]$ 和矩形域 $[a,b] \times [a,b]$ 上的已知的连续函数.问题是要求解未知函数 $\phi(x)$.首先发现一般解法公式的是瑞典数学家弗雷特霍姆.他的创始性工作写成不到 8 页的短文于 1900 年发表.后来又在 1903 年发表了较详细的长文.

弗雷特霍姆的基本思想,就是把线性积分方程看成为线性代数方程组的极限形式,然后按照已知的线性代数方程组理论推出近似结果,也即解的近似公式.最后再通过极限过程,把近似公式反演成积分方程解的精确公式.显然这一思想方法程序可以用一般 RMI 原则作出较详细解释.

如所熟知,差商的极限是微商,即 $\dfrac{\mathrm{d}y}{\mathrm{d}x} = \lim\limits_{\Delta x \to 0} \dfrac{\Delta y}{\Delta x}$,连续函数在区间等距分划点上的求积和的极限是定积分,即

$$\int_a^b f(x)\mathrm{d}x = \lim_{\Delta x \to 0} \sum_{k=1}^n f(x_k)\Delta x$$

其中 $\Delta x = \dfrac{b-a}{n}$,而 $\{x_k\}$ 为 $[a,b]$ 上的等距分点.反过来,对于给定的微商与定积分而言,相应的差商序列与求积和序列可称为"反极限",也就是现代数值分析中作近似计算时,所经常采用的有限离散化过程,不妨简记为

$$\frac{\Delta y}{\Delta x} = (\lim)^{-1} \frac{\mathrm{d}y}{\mathrm{d}x}$$

$$\sum_{k=1}^n f(x_k)\Delta x = (\lim)^{-1} \int_a^b f(x)\mathrm{d}x$$

这里要注意的是,"反极限"是对应着一类有限离散化结果,或表现为

一类未经取极限的序列. 例如,若把 $(\lim)^{-1}$ 看作映射,则

$$(\lim)^{-1}:\frac{\mathrm{d}y}{\mathrm{d}x}\rightarrow\left\{\frac{\Delta y}{\Delta x}\mid \Delta x \text{ 为任意小}\right\}$$

$$(\lim)^{-1}:\int_a^b f(x)\mathrm{d}x\rightarrow\left\{\sum_{k=1}^n f(x_k)\Delta x\mid n \text{ 为充分大自然数}\right\}$$

如果用 I 表示不动算子,它作用于任意对象(数值或函数)上均使原对象保持不变,故从纯粹形式上看,显然 $(\lim)^{-1}$ 与 $\lim$ 符合作用互逆律

$$\lim(\lim)^{-1}=(\lim)^{-1}\lim=I$$

正是因为存在这种互逆律,所以可以把它们作为互逆映射来看待.

用 $\doteq$ 表示近似相等关系,于是弗雷特霍姆探求积分方程解法公式的思路即如图 4-3 所示(其中应用克莱姆公式求解线性方程组便是映象系统上的定映手续):

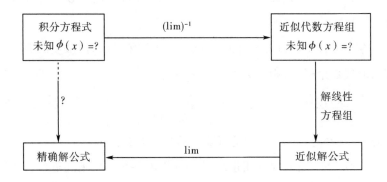

图 4-3

现在即按上述思路将各个有关步骤具体作出如下. 首先,对积分区间 $[a,b]$ 作 n 等分点为

$$a=x_0<x_1<x_2<\cdots<x_n=b$$

记 $\delta=x_q-x_{q-1}=\frac{b-a}{n}$,$(q=1,2,3,\cdots,n)$. 于是所设的积分方程在 $(\lim)^{-1}$ 映射下,便导致如下的近似线性代数方程组:

$$\phi(x_p)-\lambda\delta\sum_{q=1}^n K(x_p,x_q)\phi(x_q)\doteq f(x_p)$$

其中 $p=1,2,3,\cdots,n$. 我们可以设想解函数 $\phi(x)$ 也是连续的,因此利用各函数的连续性,可知在 $\lim$ 手续下,上列方程组将会返回原设的积分方程.

如果上述方程组的系数行列式不为零,则方程组有唯一解,并可

用克莱姆法则求解.用 $D_n(\lambda)$ 表示系数行列式,则可将它按 λ 的乘幂展开成级数,即

$$D_n(\lambda) = \begin{vmatrix} 1-\lambda\delta K(x_1,x_1) & -\lambda\delta K(x_1,x_2) & \cdots & -\lambda\delta K(x_1,x_n) \\ -\lambda\delta K(x_2,x_1) & 1-\lambda\delta K(x_2,x_2) & \cdots & -\lambda\delta K(x_2,x_n) \\ \vdots & \vdots & & \vdots \\ -\lambda\delta K(x_n,x_1) & -\lambda\delta K(x_n,x_2) & \cdots & 1-\lambda\delta K(x_n,x_n) \end{vmatrix}$$

$$= 1 - \lambda \sum_{p=1}^{n} \delta K(x_p,x_p) + \frac{\lambda^2}{2!} \sum_{p,q=1}^{n} \delta^2 \begin{vmatrix} K(x_p,x_p) & K(x_p,x_q) \\ K(x_q,x_p) & K(x_q,x_q) \end{vmatrix} -$$

$$\frac{\lambda^3}{3!} \sum_{p,q,r=1}^{n} \delta^3 \begin{vmatrix} K(x_p,x_p) & K(x_p,x_q) & K(x_p,x_r) \\ K(x_q,x_p) & K(x_q,x_q) & K(x_q,x_r) \\ K(x_r,x_p) & K(x_r,x_q) & K(x_r,x_r) \end{vmatrix} + \cdots$$

以上所述,貌似复杂而其实不难.读者只需略知线性代数与行列式性质,即可得出上列展开式.

今用 $D_n(x_\mu,x_\gamma)$ 表示行列式 $D_n(\lambda)$ 中含有 $K(x_\gamma,x_\mu)$ 项的那个矩阵元的代数余子式,则代数方程组之解为

$$\phi(x_\mu) \doteq \frac{f(x_1)D_n(x_\mu,x_1) + f(x_2)D_n(x_\mu,x_2) + \cdots + f(x_n)D_n(x_\mu,x_n)}{D_n(\lambda)}$$

此处 $\mu=1,2,3,\cdots,n$,这就是所要求的近似解公式.

最后一步,就是要利用逆映射 $\lim$(极限手续),将上述近似公式转化为积分方程的精确解公式.这需要令 $\delta \to 0 (n \to \infty)$,去求得下列诸极限式

$$\lim D_n(\lambda), \lim D_n(x_\mu,x_\mu), \lim \delta^{-1} D_n(x_\mu,x_\gamma) \quad (\mu \neq \gamma)$$

事实上,这只要把 $D_n(x_\mu,x_\mu)$ 和 $D_n(x_\mu,x_\gamma)(\mu \neq \gamma)$ 仿照 $D_n(\lambda)$ 的办法展开成 λ 的幂级数后,将展开式系数中出现的诸和式,连同 δ 因子配成求积和,再取极限便可获得上述各个极限式.例如,按 $D_n(\lambda)$ 所展开的级数形式容易求得

$$D(\lambda) = \lim D_n(\lambda)$$

$$= 1 - \lambda \int_a^b K(t_1,t_1) dt_1 + \frac{\lambda^2}{2} \int_a^b \int_a^b \begin{vmatrix} K(t_1,t_1) & K(t_1,t_2) \\ K(t_2,t_1) & K(t_2,t_2) \end{vmatrix} dt_1 dt_2 - \cdots$$

按代数余子式的定义,易知 $D_n(x_1,x_1)$ 的幂级数和 $D_n(\lambda)$ 的幂级

数形式上是完全相似的,所不同的是 $D_n(\lambda)$ 展开式系数中的和式 $\sum\limits_{p=1}^{n}$ 要改为 $\sum\limits_{p=2}^{n}$,而 $\sum\limits_{p,q=1}^{n}$ 等要相应地换为 $\sum\limits_{p,q=2}^{n}$ 等.由此可知

$$\lim D_n(x_1,x_1)=D(\lambda)$$

只有在 $\mu\neq\gamma$ 时,代数余子式 $D_n(x_\mu,x_\gamma)$ 的按 λ 展开的幂级数需要另外计算.经过精细观察后可得

$$D_n(x_\mu,x_\gamma)=\lambda\delta K(x_\mu,x_\gamma)-$$

$$(\lambda\delta)^2\sum_{p=1}^{n}\begin{vmatrix}K(x_\mu,x_\gamma)&K(x_\mu,x_p)\\K(x_p,x_\gamma)&K(x_p,x_p)\end{vmatrix}+$$

$$\frac{1}{2!}(\lambda\delta)^3\sum_{p,q=1}^{n}\begin{vmatrix}K(x_\mu,x_\gamma)&K(x_\mu,x_p)&K(x_\mu,x_q)\\K(x_p,x_\gamma)&K(x_p,x_p)&K(x_p,x_q)\\K(x_q,x_\gamma)&K(x_q,x_p)&K(x_q,x_q)\end{vmatrix}-\cdots$$

从而 $\delta^{-1}D_n(x_\mu,x_\gamma)$ 的极限形式可表为(其中改记 $x_\mu=x,x_\gamma=y$):

$$D(x,y;\lambda)=\lim\delta^{-1}D_n(x,y)$$

$$=\lambda K(x,y)-\lambda^2\int_a^b\begin{vmatrix}K(x,y)&K(x,t_1)\\K(t_1,y)&K(t_1,t_1)\end{vmatrix}dt_1+$$

$$\frac{1}{2!}\lambda^3\int_a^b\int_a^b\begin{vmatrix}K(x,y)&K(x,t_1)&K(x,t_2)\\K(t_1,y)&K(t_1,t_1)&K(t_1,t_2)\\K(t_2,y)&K(t_2,t_1)&K(t_2,t_2)\end{vmatrix}dt_1dt_2-\cdots$$

于是,通过极限手续后,近似解公式就变为相应的积分方程的精确解公式

$$\phi(x)=f(x)+\frac{1}{D(\lambda)}\int_a^b D(x,y;\lambda)f(y)dy$$

这便是著名的弗雷特霍姆公式.

事实上,只需借助于阿达玛关于行列式的不等式等分析工具,不难验明如上所述的极限过程都是有效的,所以上面所得到的求解公式确实是正确的.读者欲知其详,可以参考任何一本线性积分方程式论著作.

本例所表述的数学思想方法是十分典型的.事实上有许多属于连续数学领域中的涉及极限过程的问题,常常可以化为离散数学中的相应问题;而在获得问题的某种解答之后,再通过极限手续,就可以求得

原问题所需之解. 例如, 物理科学中所碰到的难以处理的积分计算问题, 有时就是按照上述思想方法来做的. 然而也要注意, 在现代计算数学与应用数学领域中, 往往没有必要去完成最后一步极限手续, 那是因为只要有足够准确的近似解, 即已符合实际问题的需要了.

【例3】 在本例中, 为了文字表述简洁一些, 我们把欧几里得几何学与罗巴契夫斯基几何学分别叫作"欧氏几何"与"罗氏几何". 而"非欧几何"则是概指"非欧几里得几何学"而言. 当然非欧几何不止一种. 这里我们要来谈谈近代数学史上非常著名的罗氏几何的庞加莱模型. 这个模型是一个富于数学想象力的杰作. 它揭示了罗氏几何 (一种非欧几何) 公理系统的无矛盾性可以归结为欧氏几何公理系统的无矛盾性. 无矛盾性又称为相容性, 即指在该公理系统上作逻辑演绎是永远推不出矛盾来的.

熟知欧氏几何中有一条平行公理, 又称第五公设. 意思是说: "在平面上过已知直线外一点, 只能作一条直线与该已知直线平行." 所谓平行就是指两直线不论怎样延长都不相交. 在欧氏几何公理系统中去掉平行公理后所构成的几何系统叫作"绝对几何". 所谓罗氏几何就是这样一种非欧几何, 在其中保留了绝对几何的全部公理而又把欧氏平行公理替换为它的否定形式, 即引进这样一条罗氏公设: "在平面上过已知直线外的一点, 至少可引两条直线与该已知直线永不相交." 由此即可在罗氏系统中推证出一个简单命题: "过已知直线外的一点, 可引无穷多条直线与该已知直线永不相交".

正是由于罗氏公设及其一系列推论有悖于人们的常识, 以致在19世纪30年代罗氏几何问世后, 曾不断地遭到人们的嘲笑和攻击, 甚至称这种几何是科学上的"混乱". 那时候, 只有像高斯这样一些独具慧眼的数学家, 才默默地确信罗氏几何在"逻辑上相容而在物理上又可能有用的", 罗氏几何是符合数学真理精神的.

庞加莱模型的建立, 使得那些非议和攻击罗氏几何的叫喊销声匿迹了, 从而推动了数学思想方法的新发展, 其历史功绩是不言而喻的. 下面我们就来讨论庞加莱模型的构思方法.

首先要弄明白庞加莱怎样在欧氏几何中构造罗氏几何模型, 以及构造模型之目的要解决什么问题. 今以 φ 表示庞加莱为构造所说之模型而采用的映射方法,X、Y、Z 分别表示罗氏几何公理系统中诸基本概念或几何元素,为在欧氏几何系统中构造罗氏几何模型,而必须在欧氏几何系统中适当地选取三种几何对象 X^*、Y^* 和 Z^*,分别作为 X、Y、Z 在 φ 之下的对应物或映象,即 $X \xrightarrow{\varphi} X^*$,$Y \xrightarrow{\varphi} Y^*$,$Z \xrightarrow{\varphi} Z^*$,总体说来就是 $(X,Y,Z) \xrightarrow{\varphi} (X^*,Y^*,Z^*)$,为简便计,用 S 表示绝对几何公理系统,LA 表示罗氏公设,因而 (S,LA) 便是罗氏几何公理系统的简记,也就是 (X,Y,Z) 本身和 X,Y,Z 之间的种种基本关系在罗氏意义下所应满足的诸公理.如此,(S,LA) 在 φ 之下,当有一个关于 (X^*,Y^*,Z^*) 本身及其种种基本关系在罗氏意义下所必须满足的诸公理所构成的系统,简言之,也就是 (S,LA) 在 φ 之下的映象,记为 (S^*,LA^*),即应有 $(S,\mathrm{LA}) \xrightarrow{\varphi} (S^*,\mathrm{LA}^*)$,如果经过一一验证,$(X^*,Y^*,Z^*)$ 确实全部满足 (S^*,LA^*) 中所述之诸公理,那么 (S^*,LA^*) 就叫作 (S,LA) 在欧氏几何系统中所构造出来的一个模型.应当指出,所说的这个一一验证手续,也是成功地构造出模型所必须的和重要的步骤.现在我们所要解决的问题是在假设"欧氏几何无矛盾"的前提下,罗氏几何公理系统是否相容? 在这里,只要上面所说的模型 (S^*,LA^*) 能够成功地构造出来,那么问题的答案将是肯定的.现设定欧几里得几何公理系统无矛盾,那么庞加莱解决问题的这一思路可用框图(图 4-4)表示如下.

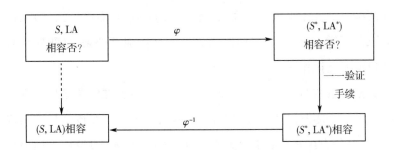

图 4-4

庞加莱的巧妙的想象力主要表现在对映射方法 φ 的选择上.映射方法离不开映象结构的定义域,所以对 (S^*,LA^*) 的定义域,即 (X^*,Y^*,Z^*) 的选取也是一个关键.早在庞加莱时代以前,人们已经知道直线的曲率是 0,直线的曲率半径是 ∞(无穷大).那时早已有射影几何,故人们已经有了无穷远点的概念.这样,直线自然地便可看成为圆心在无穷远点而半径是∞的圆弧.如果是同心圆,它们的圆弧就可看成是互相平行的直线.事实上,只需用半径是∞的半圆弧就可代表无限长的直线了.而且当两个半圆周相交或相切于无穷远点,也可把它们看成是互相平行的直线.(理由是:它们在平面的任何有限部分都不相交).以上所论,不妨假定作为圆心的无穷远点都分布在一条无穷远直线上.这条无穷远直线是规定不属于欧氏平面的.这样规定后,就可保证任何两个半圆相切于无穷远直线处时,它们在欧氏平面上就没有交点,也就是互相平行的.

可能正是从上述熟知的思考方法中得到了启示,庞加莱想到了他的"高明的映射法"和映象的"定义域".为了在通常的欧氏平面上构造出所需要的模型,他把那条无穷远直线移到眼前的欧氏平面上.该直线(在图上记之为 α)将欧氏平面分割为上下两个半平面.我们就把不包括这条直线在内的上半平面(开平面)作为罗氏平面,其上的欧氏点作为罗氏几何点,并且把以该直线上任一点为中心、任意有限长为半径所作出的半圆周定义为罗氏几何的直线.(事实上,这里所完成的思考方法,也可理解为上述熟知的古典思考方法的一种概念映射.)这样就完成了前文所述之(X^*,Y^*,Z^*)的选取.

欧氏点与欧氏直线等称为欧氏元素,罗氏点与罗氏直线等叫作罗氏元素.前者的定义域为欧氏平面,后者的定义域是一个开的欧氏半平面所构成的罗氏平面,(当然,α 直线上的点都不是罗氏元素)从而(S,LA)与(S^*,LA^*)之间的对应关系便是庞加莱映射 φ(双射),相应的逆映射就记作 φ^{-1}.

原象关系结构中的问题是(S,LA)是否相容?在映象结构中就要问(S^*,LA^*)是否相容?事实上,不难验明罗氏公设在该结构中是成立的,因为它能在该系统中得到实现,如图 4-5 所示,过罗氏平面上任一罗氏直线 L 外的一点 P,确实可以作出两条罗氏直线(图中的两个半圆)与 L 在罗氏平面上永不相交.这是因为代表罗氏直线的半圆都相切,而切点都在 α 直线上.由于 α 直线上的点都不是罗氏几何系统中的元素,故两个半圆相切于直线 α 上某一点处,即可视为相交于无穷远点.也即在有穷范围内由半圆周所代表的罗氏直线永不相交.注

意垂直于 α 的直线 L 也是罗氏直线,过这样直线外的一点 P 也至少
可引两条直线在罗氏平面上与 L 永不相交,如图 4-5 所示.

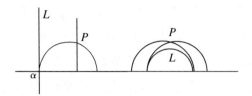

图 4-5

以上所论表明罗氏公设 LA* 是成立的.事实上,在上述系统中相
应于绝对几何的各条公理也都可以一一验明其成立.举例言之,罗氏
几何中的第九公理(也是绝对几何的公理)是说:"过任意两点只能引
一条直线".该公理在上述映象结构系统中显然也是成立的,因为给定
任意两点 P_1 与 P_2,则在欧氏几何意义下,只能作一个中心在 α 直线
上的半圆周使之通过那两点,而这个半圆周也就是过 P_1 与 P_2 点的
唯一的一条罗氏直线.

以上所说的映象系统经过一一验证手续以后,就是庞加莱模型.
在这模型上 (S^*, LA^*) 的全部公理都是成立的.(验证细节需要相当
篇幅,请参考朱梧槚编著的《几何基础与数学基础》一书第三章、第四
章,1987 年辽宁教育出版社出版).

注意,上述表现罗氏几何系统 (S, LA) 的模型是在欧氏的一个开
的半平面上利用点、线(圆周)间的合理关系加以实现的.这样一来,假
如罗氏系统在今后演绎过程中出现了正、反两个互相矛盾的命题的
话,则只要按照如上规定的几何元素与几何对象间的对应名称(φ 映
射)进行翻译,就可相应地得出互相矛盾的两个欧氏几何命题,从而欧
氏系统就矛盾了.因此,只要承认欧氏几何系统是无矛盾的(相容的),
则罗氏几何系统一定也是相容的.

总之,庞加莱模型的作用就是确切地表明了欧氏几何的逻辑合理
性隐含了罗氏几何的合理性.

还值得提及的是,后来在罗氏系统的进一步展开中,人们还发现
在罗氏几何空间中的极限球面上,也可构造出欧氏几何的模型,也即
欧氏几何的全部公理能在罗氏的极限球面上实现.这样,欧氏几何的
相容性又由罗氏几何的相容性来保证.这就说明两种几何的公理系统

虽然不同,但却是互为相对相容的.

我们用较大篇幅讲述了这个例 3,希望读者能够从这里较直观地掌握庞加莱富于联想的思想方法和构造模型的精细技巧.

最后让我们补充指出,几乎在数学的每一个科学领域或每一个分支里,都可举出一批灵活运用 RMI 原则的重要例子.举例来说,概率论中的特征函数方法(借用傅里叶变换作为映射工具)、数学物理方程中的变分方法(借助于变分原理作为映射法则)、组合数学中的波利亚计数理论(利用发生函数与置换群作为映射工具)、近世代数中的伽罗瓦关于代数方程的根式可解性理论(采用置换群表示法作为映射工具并使定映手续归结为置换群及其各阶正规子群结构的分析)、现代数理逻辑中之哥德尔的数化方法(引进"哥德尔数"作为映射法)等,都是直接或间接地运用 RMI 原则的光辉范例.当然,在上面所述及的某些理论中,运用的已不是一步的 RMI 原则,而是用了多步的 RMI 原则.特别地,如果读者对伽罗瓦的根式解理论有兴趣,则不妨按照 RMI 原则的观点把它逐步表述出来.如果表述得异常清晰,无疑对伽罗瓦理论的教学会有参考价值.

4.3 略论关于 RMI 原则的教与学问题

这里只是简略地讨论一下在数学教学中如何教好和学好 RMI 方法的问题.谈一点我们的看法,仅供读者参考.

因为在一般中学或大学数学教材中,很少把 RMI 原则总结出来,所以许多人学了多年数学或者教了多年数学,也未必意识到他们所接触到的许多数学题材已经包含着 RMI 的方法与内容.

事实上,正如本书中所讨论的一系列例子所表明的,作为一种普遍性的数学思想方法,RMI 原则是体现在数学题材的各个方面的.无论是在初等数学中或是在高等数学中,都有不同水准的 RMI 方法或原则被隐含其中,但只有经过分析观察,才能把它抽象出来,并对它包含的各个具体步骤给以确切的表述和讨论.所以,作为数学教师,要想教会学生们掌握好 RMI 方法或原则,首要的一步就是要采取"关系结构"的观点去考察数学问题、分析数学教材,并能从其中把联结原象与映象的映射关系揭示出来.当然,这是要依靠教师进行数学教学研究之后,才能很好地去完成这个任务的.

　　对于数学科学的学习者或者准备从事数学研究的年轻人来说,应该以培养寻求映射的能力为目标.正如殷启正在他的"RMI 原则的产生、分类和应用"一文中所分析的,一个人寻求映射的才能至少包括这样几个方面:一是理解原象关系结构系统(现实原型等)的能力;二是抽象分析的能力;三是运用数学工具的能力;四是掌握常用的数学方法与变换的能力,以及寻求反演公式等能力.为了培养和提高理解原象系统(或现实原型)的能力,除了学好数学本科各分支之外,还需要学习自然科学、工程科学等有关分支领域的知识,要有较宽广的科技知识修养.事实上,能否很好地理解原象关系结构或某些应用科技中的现实原型,是决定能否正确地运用 RMI 方法的首要一步.所以要想成为能真正解决问题的数学工作者,这方面的理解或洞察能力的锻炼以及与之有关的知识修养都是必不可少的.

　　在上述几种能力中,抽象分析能力和运用数学工具的能力也是极端重要的.提高这方面能力的最好途径(恐怕也是唯一途径)就是要多作数学各科的应用题.无论是代数应用题、几何应用题或微积分与微分方程应用题,以及现代应用数学与力学中的各种各样的应用题,都是训练抽象分析能力和运用数学工具能力的最好题材.当然,一些理论学科中的演绎论证题,有时也能起到培养分析能力的作用.

　　当今,国内国外都在快慢不同地进行着数学教育与数学教学的革新或改革.显然,如能结合数学各学科教材革新的需要,相应地编写出体现 RMI 方法原则的教材或教学参考书,则对教师与学生们将会是很有帮助的,因为这不仅是有利于培养学生解决数学问题的能力,而且也有助于学生学会分析问题的普遍思想方法.希望具备上述特点的教材和参考书能在国内陆续地编写出来.那时,我们这本小册子也就起到了抛砖引玉的作用了.

数学家是怎样思考和解决问题的

五 数学家是怎样思考和解决问题的[①]

我想历史上有许多位杰出的数学家的思想方法和解决问题的方法是特别值得介绍的. 比如,16—17 世纪的 Descartes、18 世纪的 Euler、18—19 世纪的 Lagrange、Gauss、Abel、Jacobi、Galois,还有近代的 Poincaré、S. Ramanujan 和现代的 P. Erdös 等,这些数学家不仅是解题的能手,而且也是发明创造的大师. 在这里自然不可能全面地介绍他们研究问题的思想方法,而只能用举例的方式,概略地谈谈他们分析解决数学难题的一般策略和手段(当然也必然谈及他们的一般方法原则).

首先介绍 Descartes. 他并不是一位纯粹的专业数学家,而是一位哲学思想家. 他致力于哲学的沉思可能比在数学思考上花费的时间更多. 哲学家往往具有纵观全局的气魄,喜欢从事物的联系上思考最基本、最普遍的问题,因此他成为解析几何学的发明者是不足为怪的! 事实上,解析几何就是通过联想发明的.

据历史记载,Descartes 在一次患病之后,一天早晨醒来,躺在床上琢磨着几何学与代数学的关系问题. 通过"联想",忽然领悟几何上最简单的对象"直线"能和代数上最简单的对象"一次方程"联系起来,利用点的坐标概念能在两者之间建立对应关系. Euclid 时代人们就已经知道直线可以看成是由点运动而成的,从而表示点位置的坐标(x, y)也就成为一对变量. 这样,Descartes 不仅形成了解析几何的原始思想,而且还创立了变量概念.

---

①本文是作者 1982 年 9 月 24 日在长春给参加全国数学竞赛的选手们所作报告的一部分. 原载中国科学院心理研究所、长春教育学院、长春数学学会编的《数学学习心理》,1988,第 2 期,收入本书时作了校订.

Descartes 又进一步揭示了圆锥曲线(圆、椭圆、抛物线、双曲线)和二元二次方程的对应关系. 他写了一本《几何学》的名著,从而成为解析几何学的创始人.

"联想"能导致伟大的创造发明. 上述 Descartes 发明解析几何的故事,正好给我们提供了一个光辉的例子.

联想是一种思维活动,简单地说就是把不同事物联系起来的一种思想方法.

在日常生活中人们也常常靠联想去解决问题.比如,天下雨,家里既没有雨伞,又没有雨衣,出门怎么办? 雨衣中有塑料雨衣,忽然联想到家里有块塑料布,于是就用塑料布顶在头上作为雨衣的代用品,这就是靠联想解决问题的.

还有一个很有趣的例子.有一个乒乓球掉进一根埋在地下垂直的管道中无法取出来,桌子上放着一壶水,聪明的人联想到水和球在一起能使球浮起来的现象,于是把水倒进管道中去,就把乒乓球取出来了.

现在我们来讲讲 Euler 的故事. Euler 一生中解决了许许多多的数学问题,在数学上作出了许多重要贡献. 从初等数学到高等数学的各门数学中,到处都可以见到 Euler 的名字. 正如 18 世纪法国数学家兼天文学家 Laplace 说过的,"Euler 是我们大家的老师".

Euler 特别善于用联想和归纳法解决问题. 例如,大家知道,代数多项式可以分解因子.通过因子分解,令各一次因式为零便可求出该代数方程的各个根.反之,如果各根为已知,则多项式便可用各根做成的一次式为因式连乘起来,从而多项式便可表示成因子连乘积.那么,像 $\sin x$ 这样的函数能否表示成因子连乘积呢? 这是 Euler 通过联想解决的大难题之一. 已知

$$\sin x = x - \frac{x^3}{3!} + \frac{x^5}{5!} - \frac{x^7}{7!} + \cdots$$

于是,$\sin x$ 便可看成是一个无限次的代数多项式. Euler 把它和代数多项式因子分解定理作比较,便联想到 $\sin x$ 也应该能表示成因子连乘积.但因为 $\sin x = 0$ 有无穷多个根:$x = 0, \pm\pi, \pm2\pi, \pm3\pi, \cdots$,所以 $\sin x$ 应表示成无穷多个因子乘积. 于是,通过联想和类比,Euler 便

发现 $\sin x$ 可分解成下列因子连乘积：

$$\sin x = x\left[1-\frac{x^2}{\pi^2}\right]\left[1-\frac{x^2}{(2\pi)^2}\right]\left[1-\frac{x^2}{(3\pi)^2}\right]\cdots$$

这便是著名的 Euler 公式. 这个公式利用数学分析方法可以获得严格的证明. 特别有趣的是, 如果把上式右端展开, 可以看出 $-x^3$ 的系数是

$$\frac{1}{\pi^2}+\frac{1}{(2\pi)^2}+\frac{1}{(3\pi)^2}+\cdots=\frac{1}{3!}$$

从而得到自然数平方之倒数的级数和公式

$$\frac{1}{1^2}+\frac{1}{2^2}+\frac{1}{3^2}+\cdots=\frac{\pi^2}{6}$$

这又恰好解决了 Jacques Bernoulli 在 Euler 生前若干年提出的一个难题. Bernoulli 一生解决过许多求和问题, 但对平方数倒数的级数求和问题却始终未能解决, 因此曾公开提出过上述难题. 这一难题经过数十年之后才为 Euler 所解决, 解答即如上述.

　　数学上的许多定理和公式是用联想法和类比法发现的. 类比法就是对两个或几个相似的东西进行联想, 把它们中间某个较熟悉的性质转移到和它相似的对象上去, 从而作出相应的判断或推理. 比如, 有时人们考虑问题时常说"我想到办法了", 其实就是联想到了.

　　联想也是一种能力. 需要通过学习和工作实践去培养. 大凡一个人的知识越丰富, 它的联想范围便越广阔, 因而联想能力也越强. 所谓"联想翩翩, 海阔天空", 这不仅对文学作家是必要的, 而且对数学家也是必要的. 因而缺乏联想, 就很难有所创新, 有所发现. 历史上的杰出数学家不仅擅长于"联想", 而且还都是使用"归纳法"的能手. 归纳法就是从特殊到一般的思想方法, 无数特殊性的事物中往往蕴含着某种共同性的东西或普遍关系, 把这种共同性的东西或普遍关系找出来表述为一般性命题或普遍公式, 这就是归纳法. 著名数学家 Gauss 就说过, 他在数论上的许多定理都是靠一般归纳法发现的, 至于证明, 则是后来补上的. 大家学过"数学归纳法", 这是一种适用于发现和论证自然数命题的归纳法. 它也是从特殊过渡到一般的思想方法. 数学归纳法非常重要. 对搞数学的人来说, 不说天天用到它, 也是年年月月用到它. 当人们碰到一个与自然数 n 有关的数学问题时, 如果一时无法下手, 就应该首先观察简单的情形, 即观察 $n=1$, $n=2$ 或 $n=3$ 时, 问

题的解(或答案)应该怎样. 如果连最简单的情形问题答案都无法确定,那么对一般情形自然就更无从琢磨了. 因此,要重视特例,耐心地观察特例,善于分析特例,并从中猜想出普遍性的结论. 这就是使用归纳法的重要步骤. 当然,还要学会从 $n=k$ 过渡到 $n=k+1$ 的演绎推理方法.

Gauss 在十八九岁时,就研究了古代几何学流传下来的"圆等分问题",即用直尺和圆规如何等分圆周的问题,也就是如何作正 n 边形的问题. 历史上早就知道正三角形、正五边形的尺规作图法. 但正七边形、正 13 边形、正 17 边形等如何用尺规作图呢? 这也是当年的著名难题. Gauss 通过联想、类比和归纳法,在他 19 岁时(1796 年),发现了正 17 边形的尺规作图法. 他非常兴奋,并因此确立了献身数学事业的志愿. 后来,他果然成为一位杰出的大数学家. 多年前我写过一本小册子《浅谈数学方法论》. 书中有一个"附录",就专门介绍了 Gauss 解决正 17 边形之尺规作图问题的方法过程,并谈到了他的一般分圆定理. 这个定理就是用归纳法导出的光辉成果,它彻底解答了哪些正多边形才是能够用尺规作图的大难题.

我的那本小册子还谈到了"倒推分析法"和"抽象分析法". 这些也都是解决数学问题的重点方法. 书中特别以 Euler 解决"Koenigsberg 七桥问题"为例,说明了抽象分析法的思想过程.

搞数学研究的人,一辈子都离不开"抽象分析法". 这种方法包含如下的基本过程:

第一步,必须把应用问题(或实际问题)表现成数学问题. 这就需要使用数学语言、数学概念和数学符号去表述问题. 例如,解代数应用题时,用 x、y 等表示未知数,用 a、b 等表示已知数,并按照题设条件,用等式将这些字母联结起来变成方程式. 这就把应用题转化为数学问题. 这一步用的是抽象分析法. 因为用 x、y 等代表应用问题中的未知量,就已经是一种抽象的表示法. 至于把应用问题中的某种具体条件或关系表述成抽象的数学等式或方程式,就更是抽象分析后的结果. 使用抽象分析法,必须看透问题的本质,抓住主要环节,略去次要环节.

第二步,对已经表述成数学形式的数学问题再使用演绎推理或逻辑分析法或计算方法等去求得答案.

　　当然,已经形成的数学问题有大有小,有难有易.下面我专门谈论一下处理和解决数学问题的一般原则.

　　面对一个数学问题,为了便于下手解决,首要的一步,就是要设法简化问题.简化的意思有两层,一层是转化问题形式,就是把问题改换一个提法,即改述成另一个相当的形式,而使得改换后的形式比较"熟悉",能和自己已知的知识联系起来,从而可利用已知的知识去求得解决.Pólya 所写的《归纳与类比》《数学的发现》和《怎样解题》这三部书中就有不少例子谈到了问题变形的技巧.学习数学命题时,必须懂得什么叫必要条件,什么叫充分条件,什么是既必要又充分的条件——简称"充要条件".彻底理解充要条件的概念并善于使用这种概念去分析、观察问题,那就会转化问题的形式.使面貌生疏的问题转化为面貌熟悉的问题,这样就便于用已知知识来解决问题.

　　"简化问题"的另一层意思,就是分解问题.即把问题分解成若干组成部分,也就是把一个较大或复杂的问题分解成一些"子问题"或"小问题",然后把每个小问题各个击破,最后合拢起来也就解决了整个问题.

　　综上所述,"简化"包括"转化"和"分解".优秀的数学工作者或解题能手,往往都能掌握转化问题和分解问题的技巧.这种技巧是怎样获得的呢?当然要靠多解题、多思考、多总结经验.最好是多看看历史上著名数学家是怎样做的,从中受些启发.

　　数学问题经过简化之后,不见得马上就能解决.这时还需作进一步分析.对于较难的问题,数学家有时往往凭直观和经验去猜测问题的可能"答案"和可能的"解决途径".

　　怎样去猜测?这又往往要使用联想和类比方法.又怎样去探求解决途径呢?一旦有了比较自信的认为合理的"猜测答案"之后,数学家又往往采取倒推法去寻找解决问题的途径(包括利用倒推法去探求答案成立的条件等).有时还需要补充使用尝试成功法或试探法.

　　国外有些科学方法论专家和心理学家已经在研究"联想的规律""类比的方法""猜测的技巧"等.我想这方面的研究是很重要的,因为它有助于培养人们的创造发明和解决问题的能力.

六 略论科学计算在理论研究中的作用[①]

20 世纪 80 年代以来,"科学计算"(scientific computing)的意义和重要性已日益引起人们的关心和重视. 众所周知,1983 年美国以 P. D. Lax 为首的一个专家组就曾向美国政府提出报告,强调了科学计算是关系到国家安全、经济发展和科技进步的关键性环节,是事关国家命运的大事.

1989 年 4 月,美国政府批评了得克萨斯州教育部门在中小学数学课的教学中忽视了计算能力的培养. 在这以前有关组织调查了英国、加拿大和美国的一些州的中小学数学教学,抽查了数以万计的中小学生,发现美国学生的计算能力远远不如英国、加拿大的学生. 发现被抽查的得克萨斯州未经由专家参加的委员会的同意,就在全州试用新教材,而新教材恰恰忽视了数学课中对中小学生计算能力的培养.

冯康、周毓麟等曾于 1987 年 4 月间在北京举行的中国计算数学会理事会上的报告中指出,科学计算的内容含义是极为丰富的,科学计算主要是处理现代科技与工程中的大规模、非线性、非均匀性和几何非规则性的巨型问题(包括数学方程组,特别是偏微分方程组的数值求解问题).

科学计算可以理解为整套过程,即从给定的科技问题(计算任务)出发,进行分析研究,建立数学模型,研究计算方法,直到配置算法程序,利用现代计算机执行计算任务,最终检验实际效果,如果结果不合要求,还须进行反复,重新回到修改数学模型、设计新的计算方案等过

①原载中国数学会计算数学学会、北京计算数学学会编《计算数学通讯》,1987,第 2 期,收入本书时做了校订.

程.所以,科学计算应是数学理论分析与计算艺术的高度结合,特别要和计算机的灵活使用相配合.

《美国数学的现在和未来》(*Renewing U. S. Mathematics*,1984)一书中,还指出了科学计算的发展,已导致应用数学和物理科学中的一些分支正在经历着一场革命性变革.这里,值得指出的是,即使在数学理论研究中,科学计算也已开始扮演前所未有的重要角色.事实上,当代数学家面对着束手无策的困难的理论课题时,也往往求助于科学计算.最著名的例子莫过于 1976 年 K. Appel 和 W. Haken 通过科学计算(在电子计算机上花费了 1 200 个机时),终于在所有平面图的可约构形中找出了一个"不可免的完备集",从而证明了四色问题的猜想,即四色定理.

此外,还有两个特别引人注目的事例是值得介绍的:一是关于证明 Bieberbach 猜想的曲折过程;二是现代实验数论的兴起和有人试图否定 Riemann 假设的尝试.

著名的 Bieberbach 猜想,是一个关于单位圆域内的单叶函数

$$f(z) = z + \sum_{n \geqslant 2} a_n z^n$$

的系数满足不等式

$$|a_n| \leqslant n \quad (n = 2, 3 \cdots)$$

的猜测性命题.多少年来人们为了寻求这个命题的证明已经耗费了大量心血,而直到 1984 年 2 月底才发现了这一命题的正确证明.现今人们称它为 Branges 定理.

美国数学家 Louis de Branges 从事上述猜想的论证已有多年而且发表过错误的论文,以致有些同行曾对他失去了信任.不管怎样,他最终运用泛函方法,把 Bieberbach 猜想(命题)合理地归结为某一个 Jacobi 多项式积分恒取正值的断言,即断言:

$$\int_0^1 {}_2F_1\left({}^{-n, n+a+2}_{(a+3)/2} \Big| st\right) s^{(a-1)/2} (1-s)^{(a-1)/2} \mathrm{d}s > 0 \qquad \text{①}$$

此处 $a > -1, 0 > t > 1$,而 ${}_2F_1$ 为超几何函数,它可以表示成 Jacobi 多项式.换言之,只要证明不等式①对一切 $n \geqslant 2$ 都成立,则 Bieberbach 猜想便成立了.

Branges 自己曾努力试证过①而未能成功.没有法子,他只好去

找他的同事 Gautschi 请求帮助. Gautschi 是位杰出的数值分析家,他听懂了 Branges 解释的思路后认为是很有道理的,于是很快运用科学计算技巧,建立合理的计算方案和算法程序,并立即使用计算机对①进行数值验证,一直验证到 $n \leqslant 40$ 时都成立. 这就大大增强了 Branges 的信念,而且所得结果是十分令人鼓舞的,因为这已经大大超过人们关于 $n=2,3,4,5,6,7,8$ 等逐个加以证明,$|a_n| \leqslant n$ 的历史记录了. 然而,如何对一切 $n \geqslant 2$ 去证明①仍然是 Branges 和 Gautschi 所面临的一大难题.

1984 年 2 月 29 日,Gautschi 忽然想到给特殊函数论名家 Askey 挂一个电话,当时在电话交谈中 Askey 曾断然表示否定态度,说什么:"我不相信那是可能的.""复分析中的精确不等式(指 $|a_n| \leqslant n$)怎么能用实分析中的工具去证明呢?"但是,Gautschi 还是耐心地说服了他,要他研究一下形如①的不等式究竟能否成立.

当天晚上,Gautschi 喜出望外地接到了 Askey 的一个令人兴奋的电话答复:"您所说的那个'Bieberbach 猜想',并不是猜想而是一个定理呢!"事实上,那是 Askey 与 Gasper 在 1976 年合写的一篇文章中某定理的特款.(参见 *Amer. J. Math.*,98(1976),709-737)

第二天清晨,当 Gautschi 在校园里碰见 Branges 时便立即转告了上述好消息. Branges 当即欢呼说:"这样,Bieberbach 猜想便证明成功了."接着,1985 年北欧的 Acta 杂志上便公布了 Branges 的著名论文——A proof of the Bieberbach conjecture. 显然,这是国际函数论界的一件大事. 再谈一点"实验数论"的兴起. 众所周知,Fermat 曾猜想过形如

$$F_n = 2^{2^n} + 1 \quad (n = 1, 2, 3, \cdots)$$

的整数都是素数. 事隔多年后 Euler 却找出了反例:

$$F_5 = 2^{32} + 1 = 4\ 294\ 967\ 297 = 641 \times 6\ 700\ 417$$

今天,每一个高中或初中学生使用有 10 位数字的袖珍计算器便能立即验明 641 确实是 F_5 的素因子. 现今人们完全可以想象:假如 Fermat 当年也已经有了计算器,并且手头有一张 1 000 以内的素数表,则只须略作数值实验,便不至于提出上述错误猜想了.

近现代的实验数论是由 Lehmer 和 Vandiver 等人创始的. 后继者

的研究成果甚多.例如,借用科学计算,Selfridge 等人曾系统地搜索了
各种"同幂等和问题"的最小解.美国的亚利桑那大学还有一个数论小
组,专门研究如何运用计算机程序计算技巧去探索数论中的许多问
题.特别是由于大整数的素因子分解问题和现代密码研究(如"公开密
钥方法"研究)有关,而这又必须借助于现代计算技术,所以愈来愈多
的数论专家乃至代数学家都逐步变成精通科学计算的专家了.

　　最令人瞩目的是曾来过中国的 Varga.他曾借助于科学计算,成
功地处理了苏联已故数学家 Bernstein 遗留下来的几个不甚知名的猜
想.他还有一个雄心勃勃的计划,即希望通过大规模科学计算去否定
Riemann 假设(简记 RH)——关于"$\zeta\left(\dfrac{1}{2}+\mathrm{i}t\right)$ 的非平凡零点均为实
数"的猜想.大家知道,英国已故分析学大师 Littlewood 生前表示过,
他在直觉上倾向于否定 RH.Varga 的信念是与 Littltewood 相一致
的.他曾公开扬言:如果 RH 确实是错的,则他将有机会获得成功,即
成功地验明该假设为假;但如果 RH 是对的,则今后他的全部努力将
会前功尽弃.当然,RH 究竟是对还是错,人们只好拭目以待.不管怎
样,理论研究不断深入地依靠着科学计算,其结果不仅对理论建树有
益,而且也有利于推进科学计算本身的发展.

　　综上所述,可想见现代科学计算对理论研究的作用至少有如下
几点:

　　(1)针对问题需要,系统地提供数据,可以供归纳、分析之用.这样
就有利于发现新现象、新规律.

　　(2)可以帮助检验猜想,包括检验思路和设想,以便发现差错,少
走弯路.

　　(3)帮助确立科研方案(或理想计划),使人增强信念,有利于最后
达于成功,Branges 的成功就是很好的例子.

参考文献

　　[1]　冯康.科学与工程计算的发展与展望.1987 年中国计算数
学会理事会报告.

　　[2]　周仲良,郭镜明,译.美国数学的现在和未来.上海:复旦大

学出版社,1986.

　　〔3〕　R. Askey. Positive quadrature methods and positive poly-nomial sums,In:Approximation Theory V. 1986:16-21.

　　〔4〕　刘彦佩.关于四色问题的传说.运筹通讯,1986,第 14 期.

七 关于数学与抽象思维的若干问题①

现代数学的发展越来越使人们认识到,数学是运用抽象分析法研究事物关系结构的量化模式的科学.量化模式又叫作数学模式(mathematical pattern),通常指的是遵循某种规范化或理想化的标准,概括地表现一类或一种事物关系的形式结构.当然,凡是数学模式在概念上都必须具有一义性、精确性和一定条件上的普适性以及逻辑上的可演绎性.读者不难运用"模式观点"(pattern view)去理解:数学中的每一个概念,每一条定理或每一个公式,以至每一套数学理论以及应用数学中每一种具有普适性的数学模型,都无一例外地可以看成或大或小的数学模式.

一般说来,数学模式在其所反映的内容背景上或其形成概念的本源上必然只有某种客观实在性,但是在表现形式(或技巧)上又往往反映着理性思维的创造性或由某些审美观念所导致的主观选择性.

本文着重讨论数学与抽象思维关系中的某些常被曲解的问题和容易产生的误会,并努力澄清这些问题和误会.相信这对开展数学研究和推进数学教改事业会产生一些积极作用.

7.1 数学与左右脑思维的关系问题

现代脑科学的研究成果表明,人的左半脑担负着抽象思维、逻辑分析及推理的任务.因此,同一般人相比,人们往往认为数学工作者的左脑思维是高度发达的.这种状况有时造成一种误解,即认为数学家

① 本文原载《松辽学刊》(自然科学版),1991,第 4 期,转载于大连理工大学《高等教育研究》,1992,第 2 期,转载时有删节.本书收录自后者,并作了校订.

（包括教师和一般专业数学工作者）只需借助于左脑思维即可从事数学研究和教学.甚至有一位名叫 Gardner 的心理学家曾以一种稍嫌不恭的方式,把数学家描述成为右脑半球受损伤而失去机能的病人.说什么"他们对自身的状况毫无幽默感,更不用说那些构成人类交往核心部分的很多微妙的直觉的人际关系了.人们感到同他们说话所得到的回答,毋宁说是从计算机所印出的纸带上高速抄录下来的."我在青年时代曾读过一篇某位中国知名作家的文学作品,该作品中也把数学家形容成为"只会冷冰冰地逻辑推理而缺乏常人感情的动物".以上所述都是数学外行们的误会,误会的原因无非是由于他们只看到了数学的表述形式（逻辑演绎形式）,而不了解数学成果的发现与创造过程.事实上,数学中的创造、发明或发现都离不开想象、猜想、直觉和审美意识,而形象思维和直觉思维以及数学中的审美直观正好是右半脑的特有功能.而 G. Pólya 在他的名著中所阐明的"合情推理",也往往需要右脑思维（直觉思维）的参与.因此,若要想很好地研究数学并有所贡献,或通过数学培养出有创新才能的科技工作者,则如何同时去培育和协调调动左脑、右脑两半脑的功能,便成了一个值得研究而且应该予以解决的大问题.

7.2 关于抽象脱离实际的问题

一般认为数学中的一系列概念越抽象,便越远离实际,甚至会完全脱离实际.可是另一方面,人们又看到正是非常抽象的数学能在现实世界中找到非常广泛而深刻的应用.其例子举不胜举.这就和"数学越抽象就越脱离实际"的世俗之见相矛盾了.这里所说的世俗之见也是关于数学与抽象思维关系问题的一个误会!这一误会之所以产生是因为该世俗之见只见到了数学中的"弱抽象规律",即所谓"特征分离概括化法则",而忽视了数学中还有"强抽象规律",即那个极为重要而深刻的"关系定性特征化法则".

正因为数学科学中的大量数学模式都是多次弱抽象过程和强抽象过程交互为用的产物,这些模式能兼具应用上的广泛性和深入性也就不足为奇了.现代泛函分析、拓扑学（及其诸分支）、随机过程论、抽象代数（包括群论、环论、域论、范畴论等）等领域的大量实例都有效地佐证了这一点.

7.3 关于抽象与具体的划分问题

人们通常认为抽象和具体是两个截然不同的概念.例如,人们常常这样说:"具体的就是具体的,抽象的就是抽象的".但当采用这种过分简单化的"二分法"观点来看待数学对象时,则有时无法自圆其说.因为在数学领域中,对象的具体性和抽象性是完全相对的.我们知道,作为概念思维产物的数学模式往往是通过不止一次的抽象过程形成的.这就是说抽象是分层次的,因而数学模式可以被赋予"抽象度"的概念.事实上,1984 年左右我们就写过关于"数学抽象度分析"的文章,并很快引起国内数学哲学界的关注.

一般说来,在数学中抽象度较低的数学模式可以通过抽象过程(弱抽象或强抽象或广义抽象)而提升为抽象度较高的模式.于是,后者相对于前者而言是较抽象的,而前者相对于后者而言是较具体的.由此看来,数学中的抽象性与具体性确实是相对的.

7.4 关于数学真理性的实践检验问题

所谓数学的真理性,通常是就数学模式的客观真实性以及实际可应用性而言的.以往人们常常认为数学模式的客观真实性必须依靠现实世界中"事物关系结构的原型"的存在性来保证.有些苏联学者还把"原型的存在性"视为真理的物质性标准.我们认为这是一种由传统所形成的误会,这种误会来源于初等数学与经典分析数学对物理科学的直接有效应用所带来的传统观念.在数学发展的古典时期(甚至直至 20 世纪初叶)确实可以强调数学真理的"物质性标准".但是,现代数学的抽象度越来越高,许多具有很高抽象度的数学模式很难从现实世界中直接找到它们的"原型".

尽管数学模式都是人脑概念思维的产物,但一经逻辑地构造出来,就好比人们发明、设计出来的汽车、飞机、计算机、导弹、应用计算机软件等一样,它们也同样形成了独立于人们主观意志而存在着的客观世界的一部分.显然可以这样想象,连下棋规则和棋谱都可成为人们研究的客观对象,又何况是合理地构造出来的数学模式呢!不同的数学模式来自不同的抽象层次,故而可用相对的观点来探索其抽象性与具体性. 如果把较具体的一类模式看成具有较高抽象度的模式的具体原型, 那么这类具体原型的存在性自然也就可以作为对高抽象度模式真理性的保证了. 换句话说, 后者的真理性已通过前者的客观存在性而获得了广义实践的检验.

人们往往会对这样的事实情不自禁地感到惊奇: 当初由人脑概念思维(抽象分析思维活动)所产生的数学模式, 甚至抽象度极高的模式, 为什么最终居然能和现实世界中的事物关系结构规律相一致呢? 对此问题一种最具概括性的回答是: 那是由于人脑抽象思维形式和客观现实世界中的关系结构形态具有"同构关系"的缘故. 但是, 为什么主观世界、客观世界之间能够存在这种美妙的同构关系呢? 对此就只能用反映论的基本原理来作出解释了: 上述同构关系之所以存在, 归根到底可以说是由宇宙世界中的"物质运动规律的统一性"所决定的. 事实上, 具有概念思维形式并可能动地、概括地反映事物关系结构规律的人脑反映机制, 其本身就是遵循物质运动的普遍规律进化而成的最高物质组成形式. 因此, 由它表现出来的思维运动规律必然对应地符合宇宙世界中的具有统一性的普遍运动规律.

7.5 关于数学抽象思维的限度问题

关于数学与思维的关系问题, 历史上早就众说纷纭, 并且由于见解不同而形成了不同派别. 一切争论的根源可以归结为对待数学思维可靠性的信任程度问题. 由此还引出了关于数学真理性的评判标准问题. 翻开数学史可以看到许多杰出的数学家对待上述问题都有不同的态度. 例如, Cantor 可称之为数学乐园中的自由主义派; Hilbert 算是承上启下的乐观派; 而 Brouwer 则属于手执板斧的怀疑派. 乐观派和怀疑派分别创立了对现代数学产生深刻影响的公理主义和直觉主义.

人们常常说: "数学是大自然的语言", 这句话很富于概括性. 但如果天真地认为自然界的一切事物关系都能够利用抽象思维的产物——数学模式不折不扣地给以完全精确的表述, 那就大错了.

不妨就以最简单的几何对象——直线为例. 大家知道它是"时间连续统"和质点定向运动轨迹的数学模型. 为了精确地表述分析数学的一系列概念, 集合论的奠基人 Cantor 曾把数学直线进一步抽象成为"线性点集",并在引进坐标后规定直线上的点和实数作成一一对应（所谓 Cantor 公理）.进一步,他还引用"一一对应"的基本观点规定集合之间"基数相等"（又称"等势"）的概念.这样一来,他就能逻辑地证明直线段上的点集与一个正方形中的平面点集具有相等的基数.可是正方形明明是具有面积的几何图形,直线段的面积则为零,而两者作为点集结构来看,点点之间竟能一一对应,即具有同一基数.这显然是一个与"维度概念"相矛盾的命题.如果人们根据直观常识,不加分析地认定这样一条比较符合直观的公理:"凡直线段上的一切位置点（几何点）恒不能填满具有面积的平面区域",则如上所说的命题岂不就成为一个违背直观常识的"悖论"（antinomy）了？

显然,Cantor 引入的"点集论模式"以及基数相等诸概念,都是抽象概念思维的产物,从逻辑分析形式上看确实是无懈可击的.但是,把直线连续统抽象成为仅仅具有"**点积性特征**"的点集概念,那就把直线原型结构中本来联结在一起的**连续性**（量度性）和**点积性**"**二重性特征**"彻底摒弃了.换句话说,在 Cantor 的点集结构模式中已经不再反映连续性（量度性）特征,因此逻辑地得出与直观常识相悖的命题也就不足为怪了.如此说来,似乎 Cantor 的抽象方法以及由此形成的"集合论模式"是不能令人满意的！可是如果不把直线段和欧氏平面区域理解成为线性点集和平面点集,那又如何能使分析数学获得精确而方便的表述形式呢？事实上,在经典分析数学的严格化过程中,人们还无法找到更好的抽象法去替代 Cantor 的抽象法.20 世纪 50 年代,法国曾有人作过努力,提出"量度点"（dimensional point）的概念,但实际上它于分析数学并无用处.事实上,谁也没有办法把直线段抽象成为兼具有连续性（量度性）和点积性的点集概念.

因此,在经典数学范围内,人们只好接受 Cantor 的抽象方法,把本来联结在一起的点积性与连续性两个环节强行分离,才完成了"点集模式"的数学概念.自然,这是由抽象思维的本质所决定的.事实上,人脑反映机制的本能（或功能）就是对事物存在形式的映象加以分解或综合（概括）,这就决定了抽象思维（包括逻辑地构造出或设计出数学模式的思维）往往是对实际存在的诸环节实行"**不可分离的分离**"（强行分离）,一方面抓住某个特征,视之为本质,概括为普遍属性,形成对象概念,并以此作为精确逻辑思维的出发点;另一方面彻底摒弃其他环节(不如此即不可能保证被抽象出的概念的一义确定性),使这些环节再也不出现在往后的形式推理中.如此继续进行下去,最终便可能导致思维结果脱离实际或者与经验常识相悖.事实上,这正是某些数学悖论产生的根本原因.例如,著名的 Banach-Tarski 的"怪球悖论",正和前面所提到的与"维度概念"相悖的命题类似,它也是由于"点集论模式"不反映连续性特征所导致的必然结果.由此还可看出,"单相性抽象"会导致悖论的不可避免性.

综上所述,可知抽象思维的本性必然决定了对于那些具有多相或双相结构的、相互渗透着的实际关系的反映(表现为单纯的概念)总是不可能完全精确的和面面俱到的.这就是我们以前曾经多次提到过的"数学抽象思维的不完全性原理".事实上,古典哲学家 Hegel 分析 Zeno 有关运动的悖论时,就已经觉察到这一原理.

充分理解上述原理,就会使我们不至于盲目信任抽象思维的"无限威力",而会更自觉地注意运用广义实践检验理论的客观准则,当碰到涉及抽象概念的数学悖论时也不会惊惶失措.

7.6 关于大学数学教改的几点建议

联系本文所论述的一些问题和观点,我们认为对于大学数学教育与数学教学法改革的方向和方法,至少可以提出如下一些设想和建议:

(1)要提倡"数学模式观"的数学教育与教学.作为具体目标,要引导学生逐步掌握分析模式、应用模式、建立模式和鉴赏模式的思想方法.

(2)要在数学教学过程中,尽可能体现从具体到抽象、从特殊到一般、从归纳到演绎、从猜想到证明的认识发展过程.要利用各种机会培养学生的数学直觉能力和数学审美意识.

(3)在课堂上讲授重要定理或较为艰深的定理证明时,最好采用如下的程序方式:

猜想(联想、想象)→合情推理→初证→反驳→重证

这样就会使学生们感到定理及其证法像是他们自己发现的.这也有助

于培育学生们左脑思维、右脑思维并用的习惯.

（4）要通过讲解课、示范性习题课及充分设计好的课外作业，让学生们逐步学会运用"弱抽象方法"（特征分离概括化法则）和"强抽象方法"（关系定性特征化法则）. 特别地，在讲授某一数学分支中的一些重要的数学模式时，最好做一些抽象度分析以使学生们了解所论模式的深刻性程度、重要性程度及基本性程度.

（5）教师和学生们都要在不同的层次上研究、学习"数学思想发展史". 这有助于弄明白数学中的一系列创造性抽象概念思维和现实世界中的一些实际问题（关系结构问题）之间的相互关系. 由此，可以获得数学研究方法上的启迪，并增强其科学研究能力. 在大学里开设一系列"数学思想发展史"课程，应该是数学教育改革的内容之一.

（6）在大学的数学教学内容中，应有相当篇幅讨论各种数学悖论（逻辑悖论、集合论悖论、语义学悖论等），以使学生们充分认识到"数学抽象思维的不完全性原理"，从而从理性上肯定数学理论思维成果经受广义实践检验的必要性.

无论中学阶段还是大学阶段，数学教育都具有双重功能：培育文化素质的功能和训练数学技术的功能. 由于现代计算机技术的飞速发展和各门科学的数学化趋势，数学教育作为现代科学技术的重要组成部分已经得到普遍重视和发展. 但是相形之下，数学教育作为培养人的优秀文化素质的有效手段，却远远没有受到普遍关注. 这显然是今后数学教改中必须注意的一个重要问题.

八　数学模式观的哲学基础^①

　　本文通过数学抽象的定性分析,并联系 Popper 的"世界 3"理论提出了模式观的数学本体论和模式观的数学认识论,这不仅是对于数学的本体论问题和认识论问题的具体解答,而且还构成了一种新的数学哲学理论——数学模式观的数学哲学理论的基础部分.数学的本体论问题可以概括地表述为:数学对象可否看成一种独立的存在? 如果可以,这是一种什么样的存在? 如果不行,则应当怎样理解数学研究的意义?

　　如果限于对某些基本的数学概念进行分析的话,上述问题的解答似乎是不难找到的:

　　第一,数学对象不可能是一种不依赖思维的独立存在.例如,谁曾见到过"一",我们只能见到某一个人、某一棵树、某一间房,而绝不会见到作为数学研究对象的真正的"一"(注意:在此不应把"一"的概念与其符号相混淆).类似地,我们也只能见到圆形的太阳、圆形的车轮,而绝不会见到作为几何研究对象的真正的"圆"(在此也必须对"圆"的概念与纸上所画的圆明确地加以区分).从而,就如恩格斯所说,全部所谓纯数学都是研究抽象事物的,它的一切数量严格说来都是想象的数量.

　　第二,尽管数学对象并非不依赖于思维的独立存在,但其基本概念又往往具有明确的客观意义.例如,"一"的概念就是所有单个事物在数量上的共同反映."圆"的概念则集中表现了所有圆形事物在(几

———————————
①这是作者与郑毓信合作的一篇论文.原载《哲学研究》,1990,第 2 期.收入本书时做了校订.

何)形式上的共同性. 从而,这也就如恩格斯所指出的,自然界对一切想象的量都提供了原型. 综上所述,就可引出这样的结论:数学对象并非不依赖于思维的独立存在,而是抽象思维的产物. 然而,它们又有着确定的客观内容,即思维对于客观事物量的属性的反映.

应当指出,古希腊的亚里士多德早就从十分一般的角度对数学的本体论问题进行了研究. 他集中讨论了所谓的"分离问题":理念究竟存在于个别事物之中,还是在个别事物之外,并与个别事物分离开而独立存在? 由于数学对象在 Plato 学派那里也被认为是一种理念,因此,作为分离问题的一种特殊情况,亚里士多德就接触到了数学的本体论问题. 亚里士多德认为,数学对象事实上只是一种抽象的可能性. 他写道,数学中一般的命题是研究大小和数的. 但是它们所研究的大小和数,不是那些我们可以感觉到的,占有空间的广延性的,可分的大小和数,而是作为某种特殊性质的大小和数. 是我们在思想中将它们分离开来进行研究的. 正是在这样的意义上,我们说数学对象是存在的,但这只是一种抽象的存在,即只是由于数学家的抽象思维,它们才得以由"潜在的"转化为"现实的". 显然,亚里士多德的这一观点与上面所得出的结论是基本一致的.

那么,数学的本体论问题为什么仍然在数学哲学的研究中占有十分重要的地位,并事实上成为现代数学哲学研究的一个焦点呢? 我们认为,这里存在两个方面的原因:

首先,理论本身存在一定的缺陷. 例如,任何稍有数学经验的人都会有这样的体会:我们在数学中所从事的是一种客观的研究. 这就是说,我们不能随心所欲地去创造某个"数学规律",而只能按照数学对象的"本来面貌"对它进行研究. 例如,既不能随意地把 7 说成是 4 与 5 的和,也不能毫无根据地去断言 Goldbach 猜想的真假. 但是,如果数学对象只是抽象思维的产物,而抽象思维则又显然属于各个个人,并且有一定的任意性,那么,我们在此就遇到了数学研究的客观性(确定性)与思维活动的主观性(任意性)的矛盾.

其次,数学的现代发展也带来了新的问题. 众所周知,数学现代发展的决定性特点之一是研究对象的极大扩充,即由已知的(或者说,具有明显直观背景的)量的关系和形式扩展到了可能的量的关系和形式

（参见 A. 亚历山大洛夫等.《数学——它的内容、方法和意义》.科学出版社,1958).但是,人们却无法对这些"越来越远离自然界,似乎是从人们的脑子中源源不断地涌现出来的概念"的客观意义作出明确的解释(特别是,现代的数学基础研究已经表明:间接解释的方法,即以简单的、具有明显直观意义的数学概念为基础去"构造"较为复杂的、不具有明显直观意义的数学概念的方法,并不总是有效的).这就直接促进了关于数学本体论问题的新的思考.

综上所述,在数学哲学中围绕数学的本体论问题出现一些极端的立场就是不足为奇的了.例如,从数学的"客观性"出发,一些人采取了实在论的立场,即认为数学对象是一种不依赖于思维的独立存在.这就如 G. Frege 所指出的:"如果我们相信数学的客观性,那就没有任何理由反对我们借助于数学对象来进行思维,也没有任何理由反对关于数学对象的这样一幅图景:它们是早已存在的,并等待着人们去发现."(P. Benacerraf, H. Putnam. *Philosophy of Mathematics Selected Readings*. Prentice-Hall Inc. ,1964)另外,现代数学哲学中的形式主义则认为数学对象是纯粹的虚构,数学家所从事的只是按照明确的法则对符号(或符号序列)实行机械的组合和变形,显然,这就完全切断了数学与客观世界的联系.

我们认为,实在论和形式主义均未对数学本体论问题作出合理解答,正确的作法应是联系数学的现代发展对数学抽象作出更为深入的分析,并结合现代的哲学理论建立更为合理的数学本体论.下面我们就来开展这一工作.

我们在《数学抽象的定性分析与定量分析》一文中曾从抽象的内容、性质和程度这几个方面对数学抽象的特殊性质进行了分析,其主要内容为:

(1)特殊的抽象内容.

这是指数学是从量的侧面反映客观实在的.就是说,在数学的抽象中仅仅保留了事物的量的特性而完全舍弃了它们的质的内容.这种特殊的抽象内容即数学抽象与其他科学中的抽象的主要区别.也正因为此,数学就可被定义为量的科学.

但是,应当强调的是,对于上述的"量",我们必须作辩证的理解:

第一,作为量和质这一哲学基本范畴的一个环节,"量"这一概念具有十分确定的意义.一般地说,事物的量的规定性即指事物存在与发展的规模、程度、速度、方式等.因此,在这一问题上的任何怀疑论或不可知论的观点都是错误的.第二,"量"并非一个静止的、僵化的概念.恰恰相反,这一概念是随着人类实践的发展而不断发展和演变的.例如,从历史的角度看,数和形曾是"量"这一概念的两个基本意义——正因为此,就有如下的说法:"数学是研究数量关系和空间形式的科学."但是,随着实践的发展,量的概念已经突破了这一历史的局限性,因此,如果在今天仍然固守上面的说法就是不妥当的.一般地说,随着实践的无限发展,量的概念必将展示出更为丰富的内容.

(2)数学抽象的逻辑性质.

这是指数学对象是借助于明确的定义逻辑地得到"构造"的.就是说,无论所说的对象是否具有明确的客观意义,在严格的数学研究中我们都只能依靠所说的定义去进行(演绎)推理,而不能求助于直观.在此我们同时对数学对象的逻辑构造作出如下的区分:第一,数学中的派生概念是借助于其他的概念"明显地"得到定义的;第二,那些更为基本的对象,即所谓的初始概念,则是借助于相应的公理系统"隐蔽地"得到定义的.

应当指出,数学对象的"逻辑构造"正是数学研究由素朴的水平上升到理论水平的直接表现,而只有后者(是与建立在直接经验之上的"归纳命题"相对立的)才能被认为是真正的数学知识.因此,就有必要引进(量化)模式的概念.所谓模式,一般地说,即指抽象的数学理论,即通常所说的数学结构.特殊地说,如果一个数学命题是以某一抽象的数学理论为背景(或者说是作为某一抽象数学理论的组成部分)而得到建立(被接受)的,也可被称为一个数学模式.从而,就数学的现代研究而言,就可以说,所谓数学对象即指(量化)模式.

(3)特殊的抽象高度.

这是指数学抽象所达到的高度远远超出了其他科学中的一般抽象.具体地说,数学的高度抽象性首先表现在数学中有很多概念并非建立在对于真实事物的直接抽象之上,而是较为间接的抽象的结果,即在抽象的基础上去进行抽象,由概念去引出概念.其次,就数学的现代发展而言,其高度的抽象性则突出表现在公理化方法的现代发展上,即由实体的公理化方法到形式的公理化方法的发展上.在形式的公理系统中,公理已不再是关于某种特定对象的"自明"的真理,而只是一种可能的假设,即我们已不再是由已知的对象去建立相应的公理系统,而是借助于所谓的"假设—演绎系统"去从事对可能的对象的研究.从而,公理化方法的这一发展事实上就意味着数学研究对象的极大扩充,即由"已知的"(具有明显直观背景的)模式扩展到了"可能的"模式.

基于上面的论述,我们即可对数学的本体论问题作出如下的进一步分析:

第一,数学以模式为直接的研究对象,而模式则是抽象思维的产物.

第二,由于模式是借助于明确的定义逻辑地得到"构造"的,而且在严格的数学研究中,我们只能依靠所说的定义,而不能求助于直观,因此尽管某些数学概念在最初很可能只是少数人的"发明创造",但是一旦这些对象得到了"构造",它们就立即获得了确定的"客观内容",对其人们只能客观地加以研究,而不能再任意地加以改变.显然,数学抽象的这种逻辑性质正是数学之所以能够成为一门科学的一个必要条件.

第三,模式是抽象思维的产物.然而,这并非思维对于客观实在的直接的、消极的反映,而是一种间接的、能动的反映.因为,首先,概念的形成总是一个简单化(理想化)、粗糙化、僵化的过程,即如列宁所说,如果不把不间断的东西割断,不使活生生的东西简单化、粗糙化、僵化,那么我们就不能想象、表达、测量、描述运动.思维对运动的描述,总是粗糙化、僵化的过程.不仅思维是这样,而且感觉也是这样;不仅对运动是这样,而且对任何概念也都是这样.因此,数学对象的逻辑定义就是一种"重新构造"的过程,而并非对于客观实在的直接反映.其次,正由于数学对象的逻辑构造在一定意义上就意味着与真实的脱离,从而就为思维的创造性活动提供了极大的自由空间.例如,正如前面所指出的,公理化方法的现代发展就意味着数学的研究对象由"已知的"(具有明显直观背景的)模式扩展到了"可能的"模式.由此,我们也就不能绝对地去肯定每一种具体的数学理论的客观意义(现实真理性).

第四,列宁曾经指出,人的概念就其抽象性、隔离性来说是主观的,可是就整体、过程、趋势、源泉来说却是客观的.类似地,尽管我们不能以一种直接的、简单的形式去肯定各种数学理论的客观意义,但由于理论研究的最终目的是应用,而且,从历史(或发生学)的角度看,形式的数学理论又往往通过非形式的数学理论的"过渡"与客观实在建立较为直接或较为间接的联系,因此,我们也就应当在同样的意义上去肯定数学的客观意义,即就整体、过程、趋势、源泉来说,数学是思维对于客观实体量性规律性的反映.

最后,由于数学模式具有确定的"客观内容",而这种内容又不可能借助其与真实世界的联系得到直接的、简单的说明,因此,这些模式就构成了另一类与真实世界互不相同的独立存在.另外,由于模式是抽象思维的产物,而且就整体、过程、趋势、源泉来说又与真实世界有着必然的联系,因此,我们就不应把数学对象看成完全独立的存在,而应注意它们与真实世界及思维活动之间的辩证关系.

上述各点即为建立一种新的数学本体论——数学模式观提供了必要的基础,而且,事实上也为建立一种新的数学观——我们称之为"数学模式观"的数学哲学理论,提供了必要的基础①.

为了对数学的本体论问题作出更为明确的解答,在此首先援引K. Popper的世界3理论.②

对于世界1和世界2,人们是较为熟悉的(除去新术语的使用以外).而所谓的世界3,应当说是Popper所首先创立的一个概念.Popper对世界3的性质作了如下的说明:

第一,由于世界3乃指思想的客观内容,因此,这就不能被认为是一种不依赖于思维的独立存在.但是,正如我们可以自由地去谈及"理论自身""问题自身""论证自身"等一样,在一定条件下我们也可切断

---

①除去模式观的数学本体论和认识论以外,模式观的数学哲学理论的另一主要内容为数学真理的层次理论.

②笔者之一在访英期间曾有幸见到了K. Popper爵士.在交谈中,Popper遗憾地指出,他的世界3理论尚未得到足够的重视.我们认为,Popper的这一说法有一定的道理,因为,由上面的讨论即可看出,世界3理论的确尚有很多地方值得人们做进一步的思考和研究.

世界 3 与世界 2 的联系而谈及一个独立的世界 3. 显然,这事实上也就是关于三个世界划分的最基本内容.

第二,语言为思想的客观内容的相对独立性提供了必要的外在(物质的)形式.

第三,尽管世界 3 是思维活动的产物,但是,这种创造性活动又必然会产生未曾预料的副产品,如新的未曾预料的事实、新的未曾预料的问题等. 从而,思想的客观内容在借助于语言"外化"为世界 3 的对象后又构成了新的认识活动的对象,而这种认识活动则主要是一种发现,并非创造性的活动.

前面的讨论已经表明数学对象在本体论问题上具有如下的性质:数学模式就其自身而言并非真实的存在,而是抽象思维的产物. 但是,它们又有着完全确定的客观内容,并事实上构成了数学研究的直接对象. 因此,如果采用 Popper 的语言,我们就可以说,数学对象即世界 3 中的独立存在.

但是,我们又应明确指出,在"数学世界"与 Popper 的世界 3 之间存在着重要区别:

首先,Popper 曾把自己的世界 3 笼统地描述为"没有认识主体的知识",认为其中包含了理论、问题、论证、猜想等各种成分,从而就是一种"大杂烩"式的世界,即与物理世界很不相同的世界. 然而,在数学世界和物理世界之间却有着明显的对称性:两者的基本成分分别为数学对象和物理对象. 数学和一般科学则分别为关于各自对象的真理. 我们甚至可在近乎"对称"的意义上去谈论数学直觉和感性知觉的类比:

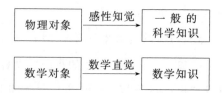

其次,前面的分析已经清楚地表明了数学模式的逻辑性质,而这事实上也就是数学对象与世界 3 中其他对象的一个根本区别:Popper 并未能对世界 3 中一般对象的性质作出明确的说明,而只是指出思想的客观内容借助于语言转化成了世界 3 中的独立对象. 但是,由于这

里存在着个体与群体的对立,通常所使用的自然语言又具有明显的局限性(不规则性、含糊性等),因此,这些对象不可能成为精确科学的研究对象.

鉴于上面的考虑,在此就有必要引入一个独立的数学世界的概念,进而对于数学的本体论问题就可作出如下的明确解答:

(1)数学对象是数学世界中的独立存在.

(2)数学世界是抽象思维的产物:数学对象是借助于明确的定义逻辑地得到"构造"的.也正因为此,数学对象就具有确定的"客观内容",并构成了数学研究的直接对象.

这就是模式观的数学本体论.

最后,为了避免不必要的混淆,还可与直觉主义的数学观作一简单的比较.

众所周知,数学哲学中的直觉主义者也持有"构造主义"的观点,即认为数学对象是一种"思维构造".但是,在模式观的数学本体论与直觉主义的数学观之间又有着以下的重要区别:

第一,模式观的数学本体论明确地肯定了数学理论的客观意义,即认为就整体、过程、趋势、源泉来说,数学是思维对于客观实体量性规律性的反映.与此相反,直觉主义者则完全否定了数学的客观意义.如 A. Heyting 所说,数学思想的特性在于它并不传达关于外部世界的真理,而只涉及心智的构造.(A. Heyting. *Intuitionism:An Introduction. Amsterdam.* North-Holland Pub. ,1956)

第二,模式观的数学本体论并未对数学的抽象思维作出任何人为的限制,而直觉主义则突出强调了构造的"能行性"(在直觉上的"可信性"),从而对实无限的概念和方法采取了绝对否定的态度,并在事实上造成了数学的"支离破碎".

第三,模式观的数学本体论明确强调了数学对象在形式上的相对独立性,即承认一个相对独立的数学世界的存在.而直觉主义则由于把思维活动与语言形式绝对地对立起来,而否定了数学对象由内在的思维构造向外部的独立存在转化的可能性.例如,A. Heyting 就曾明确声称:"我的数学思想属于我个人的智力生活,并限于我个人的思想……"显然,如果坚持这样的立场,最终就将导致"数学唯我主义"和

"数学神秘主义",而这是与数学的科学性直接相冲突的.

综上所述,模式观的数学本体论与直觉主义的数学观是大相径庭的.①

下面再对数学的认识论问题作一分析.

(1)上面的讨论已经表明,相对于一般的科学研究而言,数学的认识活动具有一定的特殊性.这主要是指数学家是通过模式建构,以模式为直接对象来从事研究的,其认识活动并非直接反映客观实体量性规律性.正因为此,与先前"数学是量的科学"这一大大简化了的"定义"相比,以下的说法就是更为恰当的:数学是通过模式建构,以模式为直接对象来从事客观实体量性规律性研究的科学.

(2)由于数学模式是抽象思维的产物,思维活动又总是按照一定的模式进行的,因此,在这种意义上,外在的数学模式就可看成内在的思维运动模式的直接表现.就数学的认识论问题而言,以下的事实特别重要,即不同的思维运动模式必然导致不同的量化模式.例如,无限观的不同就直接导致了关于无限的不同的数学模式,如直觉主义的潜无限型模式、Cantor 的实无限型模式及所谓的"双相无限型"模式等.正因为不同的数学模式是不同的思维运动模式的直接表现,对不同的、甚至是互相对立的数学理论(如无限的各种不同的数学模式),我们就不能轻易地采取绝对肯定或绝对否定的态度.事实上,由前面的讨论已经知道,数学对象的逻辑定义是一种重新"构造"的过程,即其中必定包含了对真实的脱离,进而,数学理论的实际应用也必然包含了抽象的过程,是一种近似的应用.因此,我们就不能依据理论在实际中的应用,对其现实真理性作出绝对肯定或绝对否定的判断.故数学理论的现实真理性只是一个相对的概念,在不同的理论之间也仅有程度上的差异.一般地说,任何一种直接或间接地建立在对于客观实在的合理抽象之上的数学理论都具有一定的现实真理性,同时必然具有一定的局限性.因此,我们就不能对其采取绝对肯定或绝对否定的态度.

(3)现实真理性的相对性显然更为清楚地表明了引进另一种真理

---

①关于直觉主义可参见夏基松,郑毓信著《西方数学哲学》(人民出版社,1986)或郑毓信,林曾著《数学逻辑与哲学》(湖北人民出版社,1987).

性概念——模式真理性的必要性. 具体地说,模式真理性的概念可以表述如下:如果一种数学理论建立在合理的数学思维之上,即可认为确定了一个量化模式,这一理论就其直接形式而言则可以是关于这一模式的真理. 对于"数学思维的合理性"("思维运动模式的合理性")可以通过对数学思维形式的具体考察作出分析,对此我们已在另文《数学抽象的定性分析和定量分析》中作了初步的探索. 这里要强调的是,就各个具体的实例而言,关于数学思维活动合理性的判断在很大程度上是直觉的和美学的(从而,也是自足的). 这就如同著名数学家 J. von Neumann 所说,我认为数学家无论选择题材还是判断成功的标准,都主要是美学的,数学家成功与否和他的努力是否值得的主观标准,是非常自足的、美学的,不受(或近乎不受)经验的影响(参见《数学史译文集》,上海科技出版社,1981). 数学家 A. Robinson 也曾写道:"这是一个事实,就是已经组织起来的数学世界在很大程度上是按照我们关于数学美及纯粹数学的重要性的直觉组织起来的."直觉,特别是审美直觉之所以能在形式的数学研究中发挥如此巨大的作用,以致被认为为理论的选择和评价提供了"独立的"标准,其根本原因是因为直觉和美感都是人类整个认识框架的有机组成部分,而这种认识系统的有效性又是为长期的实践所证实了的. 也正因为此,模式真理性就是从属于现实真理性的.

(4)在此还可对悖论的问题做一简单分析. 由于悖论是一种形式矛盾,悖论在数学中的出现就直接表明了存在着两种互相对立的模式. 由于数学模式在一定意义上可看成思维运动模式的外部表现,各种不相同的,甚至是互相对立的模式的存在就是不足为奇的.[①]这表明单纯地为了制造悖论而把两种互相对立的模式人为地凑合在一起是毫无意义的. 但是,由于悖论的出现清楚地表明了有关模式的局限性,从而也就直接促进了关于新的模式(在这种新的模式中,原先的矛盾将得到"消解")的研究,因此在上述的意义上,对悖论的研究是有积极意义的.

(5)Popper 曾经指出:"我所认为特别重要的,并不是世界 3 单纯

[①]除去主观因素以外,我们还可结合其客观基础对悖论的实质做出进一步的分析.

的自治性……而是我们自身与我们作品之间的关系，以及我们可以由此而获得的东西."我们也可从这样的角度对数学的认识论问题作出更为一般的分析：

第一，由于数学世界可看作另一类（与真实世界不相同的）独立存在，又由于这种相对独立的数学世界为数学研究提供了直接的对象，我们即可以既定的概念和理论为"素材"去从事新的创造活动，从而进一步丰富数学世界的内容.因此，数学的认识活动在一定的限度内就可以单纯凭借世界 2（思维活动）与世界 3（数学世界）之间的相互作用而得到发展和深化，即

由此可见，传统的认识公式就是一个过分简化的模式：

第二，除提供了直接的工作对象以外，数学世界对人们的认识活动还具有规范和调节的作用（对此，Popper 称之为世界 3 对于世界 2 的"反馈作用"）.例如，前面已经指出，数学模式可以看成思维运动模式的直接表现.但是，除这种由内在的思维模式向外在的数学模式的转化以外，同时也还存在反方向上的转化.这就是说，一个数学模式在得到建立以后，如果被证明是十分有效的（这取决于社会实践和数学实践的检验），就会为大多数人所接受，并成为整个思维模式的有机组成部分.例如，关于时间的直线型模型就是这样的例子①.一般地说，既然数学是对于模式的研究，而思维活动又总是按照一定的模式进行的，我们也就应当充分肯定数学研究的普遍的认识论意义②，这也是促使人们去谈及"数学文化"的一个重要原因.

（6）由于模式观的本体论与数学哲学中的实在论（Plato 主义）有着重要的区别，而对于数学现实真理性的强调即对于数学经验性的直

---

①由前面的讨论显然可以引出这样的结论：我们可以，而且应当发展关于时间的其他的可能的模型.例如，利用 Cantor 的超穷数理论即可建立多层次的时间模型，即把时间想象成一种具有多次延伸和穷竭过程的复杂对象.在这种模型中，我们就可研究"第一推动"和"世界末日"的问题——当然，这里所说的"第一"和"末日"并非指绝对的完成，而是指相对的穷竭.对此可参见郑毓信，刘晓力合写的文章《数学的无限与哲学的无限》，载《内蒙古大学学报》，1987，第 2 期.

②著名数学家和哲学家 Whitehead 也曾从这样的角度对数学的认识论意义进行过分析.对此可参见《数学哲学论文集》，知识出版社，1986.

接肯定,因此,这里所倡导的模式观的数学哲学理论就是与先验论的数学观(无论就 Plato 主义的先验论而言,还是就分析真理论而言)直接对立的. 当然,作为问题的另一方面,我们又应明确地反对狭隘经验论的观点. 事实上,前面的分析即已表明,数学的认识可以独立于社会实践而得到一定的发展,我们也可单纯依据数学的实践来判断抽象的数学理论的模式真理性. 因此,我们就可在相对的意义上去谈及数学的先验性. 或者更准确地说,我们应当同时肯定数学的经验性和拟经验性.

参考文献

[1] G. 波利亚. 数学的发现（中译本）[M]. 北京:科学出版社,1982.

[2] 徐利治. 数学方法论选讲[M]. 武汉:华中工学院出版社,1983.

[3] 朱梧槚,等. 数学方法论 ABC[M]. 沈阳:辽宁教育出版社,1986.

[4] 郑毓信. 数学方法论入门[M]. 杭州:浙江教育出版社,1986.

[5] 左孝凌,等. 离散数学（第四篇）[M]. 上海:上海科技出版社,1982.

[6] 朱梧槚. 几何基础与数学基础[M]. 沈阳:辽宁教育出版社,1987.

[7] 胡世华,陆钟万. 数理逻辑基础[M]. 上册. 北京:科学出版社,1981.

人名中外文对照表

爱因斯坦/A. Einstein

达尔文/E. Darwin

哥白尼/N. Copernicus

哈维/William Harvery

柯亨/Cohen

柯特/E. P. Codd

马尔萨斯/T. R. Malthus

马汉/R. Thomas Mahan

马克思/Karl Max

牛顿/I. Newton

潘恩/T. Paine

史密斯/Adam Smith

许华兹/J. T. Schwartz

数学高端科普出版书目

数学家思想文库

书　　名	作　者
创造自主的数学研究	华罗庚著；李文林编订
做好的数学	陈省身著；张奠宙，王善平编
埃尔朗根纲领——关于现代几何学研究的比较考察	[德]F.克莱因著；何绍庚，郭书春译
我是怎么成为数学家的	[俄]柯尔莫戈洛夫著；姚芳，刘岩瑜，吴帆编译
诗魂数学家的沉思——赫尔曼·外尔论数学文化	[德]赫尔曼·外尔著；袁向东等编译
数学问题——希尔伯特在1900年国际数学家大会上的演讲	[德]D.希尔伯特著；李文林，袁向东编译
数学在科学和社会中的作用	[美]冯·诺伊曼著；程钊，王丽霞，杨静编译
一个数学家的辩白	[英]G.H.哈代著；李文林，戴宗铎，高嵘编译
数学的统一性——阿蒂亚的数学观	[英]M.F.阿蒂亚著；袁向东等编译
数学的建筑	[法]布尔巴基著；胡作玄编译

数学科学文化理念传播丛书·第一辑

书　　名	作　者
数学的本性	[美]莫里兹编著；朱剑英编译
无穷的玩艺——数学的探索与旅行	[匈]罗兹·佩特著；朱梧槚，袁相碗，郑毓信译
康托尔的无穷的数学和哲学	[美]周·道本著；郑毓信，刘晓力编译
数学领域中的发明心理学	[法]阿达玛著；陈植荫，肖奚安译
混沌与均衡纵横谈	梁美灵，王则柯著
数学方法溯源	欧阳绛著
数学中的美学方法	徐本顺，殷启正著
中国古代数学思想	孙宏安著
数学证明是怎样的一项数学活动？	萧文强著
数学中的矛盾转换法	徐利治，郑毓信著
数学与智力游戏	倪进，朱明书著
化归与归纳·类比·联想	史久一，朱梧槚著

数学科学文化理念传播丛书·第二辑	
书　名	作　者
数学与教育	丁石孙,张祖贵著
数学与文化	齐民友著
数学与思维	徐利治,王前著
数学与经济	史树中著
数学与创造	张楚廷著
数学与哲学	张景中著
数学与社会	胡作玄著

走向数学丛书	
书　名	作　者
有限域及其应用	冯克勤,廖群英著
凸性	史树中著
同伦方法纵横谈	王则柯著
绳圈的数学	姜伯驹著
拉姆塞理论——入门和故事	李乔,李雨生著
复数、复函数及其应用	张顺燕著
数学模型选谈	华罗庚,王元著
极小曲面	陈维桓著
波利亚计数定理	萧文强著
椭圆曲线	颜松远著